海兰白蛋鸡

罗曼白蛋鸡

宝万斯白蛋鸡

海赛克斯白蛋鸡

迪卡贝特蛋鸡

尼克白蛋鸡

宝万斯高兰蛋鸡

北京油鸡

河北柴鸡

仙居鸡黑羽

固始鸡

新扬褐蛋鸡

林间鸡舍

山坡鸡舍

山坡放养 A

山坡放养 B

院内补饲

院外放养

湿帘降温系统

健康雏鸡

初饮

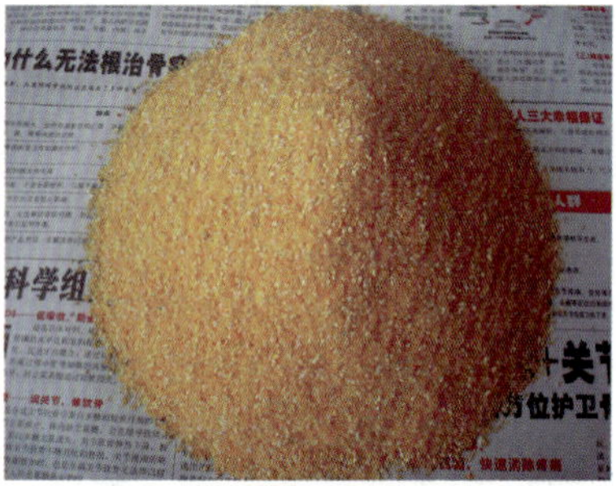

开食用玉米糁子

开食

照蛋

畜禽生态养殖系列

蛋鸡生态养殖关键技术

李连任　主编

河南科学技术出版社

·郑州·

图书在版编目（CIP）数据

蛋鸡生态养殖关键技术/李连任主编．—郑州：河南科学技术出版社，2016．1

ISBN 978-7-5349-7978-1

Ⅰ．①蛋…　Ⅱ．①李…　Ⅲ．①蛋鸡-饲养管理　Ⅳ．①S831．4

中国版本图书馆 CIP 数据核字（2015）第 244051 号

出版发行：河南科学技术出版社
　　　　　地址：郑州市经五路 66 号　　邮编：450002
　　　　　电话：（0371）65737028　65788613
　　　　　网址：www．hnstp．cn
策划编辑：陈淑芹　陈　艳
责任编辑：陈　艳
责任校对：张娇娇
封面设计：张　伟
版式设计：栾亚平
责任印制：朱　飞
印　　刷：郑州金秋彩色印务有限公司
经　　销：全国新华书店
幅面尺寸：140 mm×202 mm　印张：8．5　彩页：4 面　字数：220 千字
版　　次：2016 年 1 月第 1 版　2016 年 1 月第 1 次印刷
定　　价：18．00 元

本书编委会名单

主　　编　李连任

副 主 编　李世常　宋富华

编写人员　李连任　李　童　宋富华　刘　鹏　季大平　张翔兵　闫益波　孟冬霞　李　晨　武玉艳　刘　滨　刘　建　李世常

前言

随着人们生活水平的提高，人们对食品安全问题更加关注，畜禽产品的质量安全问题更是消费者关注的热点。同时，如何防止养殖过程对周围环境造成污染也是现代养殖生产必须面对和需要解决的实际问题。既要生产出优质、安全、绿色、无公害的畜禽产品，又要在养殖业的发展过程中处理好养殖和环境的关系，才能保证养殖业的健康和谐发展。解决好上述问题的根本出路在于搞好畜禽的生态养殖。

生态养殖是将畜牧业自身的发展和生态农业、生态经济有机结合起来，运用生态系统的原理、生态学的技术和方法，实现畜牧资源的高效转化、持续利用，保证畜禽的健康，保护好养殖场及周围环境，从而解决好畜牧生产过程中的资源利用、环境保护、畜禽产品质量等问题。

组织和实施畜禽生态养殖的过程，要按照生态系统“整体、协调、循环、再生”的原则，使畜牧业与农、林、渔业之间互相结合，有效利用各种自然资源，搞好资源的循环利用、再生；处理好畜牧场与周围环境的关系，既防止畜牧场对周围环境的污染，又避免周围环境对畜牧业生产的危害，保证畜牧生产健康、可持续发展；通过对整个养殖过程的科学、规范管理，提供优质、安全的畜禽产品。

生态养殖是畜牧业发展的必然趋势。我国地域广阔，各地条件千差万别，生态养殖的模式多种多样，如何根据各地实际情况，因地制宜，组织好畜禽生态养殖生产，是每一个生态养殖从业者关心的热点问题。为此，我们组织多年从事畜禽养殖的教学、科研、生产的专家编写本书，以期对读者有所帮助。

本书围绕蛋鸡生态养殖的实用技术，详细介绍了蛋鸡生态养殖的模式和特点、生态蛋鸡场的规划设计、品种的选择、营养与饲料配制、蛋鸡生态养殖的饲养管理技术、生态蛋鸡场的环境污染控制技术、疾病防控技术等内容，注重实用性、科学性、先进性，是指导搞好蛋鸡生态养殖的科普书籍，也是投资建设生态蛋鸡场的必备参考书籍。本书适合生态养殖场（户）、农业科技人员及相关专业院校学生阅读参考。

由于编者水平有限，书中难免有不妥之处，敬请广大读者在使用过程中批评指正。

编者

2015 年 3 月

目　录

第一章　蛋鸡生态养殖概述

第一节　生态养殖和现代生态养殖

一、中国式生态农业与生态养殖

中国式的生态农业模式，是吸取西方生态农业的有益经验，依据中国现代科学技术和现代经营管理方式及传统农业的有效经验，以生态效益为第一中心、经济效益为第二中心，运用生态经济原理指导和组织农业生产，把人类的农业生产活动纳入生态循环链内，参与生态系统的生物共生、轮流交换和物质循环，以求生态、经济和社会效益协调发展，建成高产、优质、高效、低耗的现代农业生产体系。它既重视生态学原理的根本特点，又强调追求高的生产力，要求必要的物质和能量的较多投入，这就决定了它对生态脆弱区和大河流域源头区、沿江河平行分布的平原区都具有一定的适用性。

生态养殖是指根据不同养殖生物间的共生互补原理，利用自然界物质循环系统，在一定的养殖空间和区域内，通过相应的技术和管理措施，使不同生物在同一环境中共同生长，实现保持生态平衡、提高养殖效益的一种养殖方式。这一定义，强调了生态养殖的基础是根据不同养殖生物间的共生互补原理；条件是利用自然界物质循环系统；结果是通过相应的技术和管理措施，使不同生物在一定的养殖空间和区域内共同生长，达到保持生态平衡、提高养殖效益的目的。其中“共生互补原理”“自然界物质循环系统”“保持生态平衡”等几个关键词，明确了“生态养殖”的几个限制性因子，区分了“生态养殖”与“人工养殖”之间的根本不同点。

相对于集约化、工厂化养殖方式来说，生态养殖是让畜禽在自然生态环境中按照自身原有的生长发育规律自然地生长，而不是人为地制造生长环境和用促生长剂让其违反自身原有的生长发育规律快速生长。如农村一家一户少量饲养的不喂全价配合饲料的散养畜禽，即为生态养殖。

二、现代生态养殖

随着人们生活水平的不断提高，用集约化、工厂化养殖方式生产出来的品质、口感均较差的畜禽产品已不能满足广大消费者日益增长的消费需求，而农村一家一户少量饲养的不喂全价配合饲料的散养生态畜禽，因其产量低、数量少，也满足不了消费者对生态畜禽产品的消费需求，因而现代生态养殖应运而生，而且赋予了生态养殖更新的理念。

现代生态养殖就是将生态养殖的系统理论或原理应用于规模化养殖之中，通过优良品种的选用、生态无污染环境的控制、生态饲料的配制、良好的饲养管理和防疫技术，满足动物福利需求，获得高效生产效率、高质量的动物产品和高额养殖利润，同时保护环境，实现生态平衡。现代生态养殖是介于散养和集约化养殖之间的一种规模养殖方式，它既有散养的特点——畜禽产品品质高、口感好，也有集约化养殖的特点——饲养量大、生长相对较快、经济效益高。

搞好现代生态养殖，没有统一的标准与固定的模式。根据近几年各地搞生态养殖摸索出来的经验，要想搞好现代生态养殖，必须注意以下几点：

（一）选择合适的自然生态环境

合适的自然生态环境是进行现代生态养殖的基础，没有合适的自然生态环境，生态养殖也就无从谈起。发展生态养殖必须根据所饲养畜禽的天性，选择适合畜禽生长的无污染的自然生态环境，要有比较大的天然活动场所，让畜禽自由活动、自由采食、自由饮水，让畜禽自然的生长。如目前一些地方采取的林地养殖等就是很好的生态养殖模式。

现代生态养殖也是一种规模养殖，也可以按照畜禽在自然生态系统中的天性，人为创造一个适宜它们生存的小环境，并模拟它们在自然生态系统中的摄食习惯和需求，提供饲料饲草，即舍饲方式。在这种方式下，畜禽的饲养管理都是在舍内进行的，舍外可以设置自由活动的空间，即运动场，以迎合畜禽生活在自然生态环境中的天性，更好地满足其福利，从而获得最大的饲养效益。

（二）进行现代生态养殖仍要使用配合饲料

使用配合饲料是进行现代生态养殖与农村一家一户散养的根本区别。如仅是在合适的自然生态环境中散养而不使用配合饲料，则畜禽的生长速度必然很慢，其经济效益也就很低，这不仅影响饲养者的积极性，而且也不能满足消费者的消费需求，因此，进行现代生态养殖仍然要使用配合饲料。但所使用的配合饲料中不能添加促生长剂与动物性饲料，因为添加促生长剂虽然可加快畜禽的生长速度，但其在畜禽产品中的残留却降低了畜禽产品的品质，也降低了畜禽产品的口感，满足不了消费者的消费需求。配合饲料中添加动物性饲料同样影响畜禽产品的品质和口感。

（三）注意收集和处理畜禽粪尿

生态放养的畜禽大部分时间是处在散养自由活动状态，随时随地都有可能排出粪尿，特别是现代生态养殖，每天的粪尿集中，量也很大。这些粪尿如不能及时清理和处理，则不可避免地会造成环境污染，也容易造成疫病传播，进而影响饲养者的经济效益和人们的身体健康。因此，应及时收集清理并正确处理畜禽粪尿，减少环境污染，保证环境卫生。

（四）多喂青绿饲料

给畜禽多喂一些青绿饲料不仅可以给畜禽提供必需的营养，而且可提高畜禽机体免疫力，促进畜禽身体健康。饲养者可在畜禽活动场地种植一些耐践踏的青绿饲料供畜禽活动时自由采食，但仅靠活动场地种植的青绿饲料还不能满足生态养殖畜禽的需要，必须另外供给。另外供给的青绿饲料最好现采现喂，不可长时间堆放，以防堆积过久产生亚硝酸盐，导致畜禽亚硝酸盐中毒。青绿饲料采回后，要用清水洗净泥沙，切短饲喂。如果畜禽长期吃含泥沙的青绿饲料，可能引发胃肠炎。不要去刚喷过农药的菜地、草地采集青菜或牧草，以防畜禽农药中毒。一般喷过农药后须经 15 天后方可采集。饲喂青绿饲料要多样化，这样不但可增加适口性，提高畜禽的采食量，而且能提供丰富的植物蛋白和多种维生素。在冬季没有青饲料时，要多喂一些青干草粉以提高畜禽产品的品质和口感。

（五）做好防疫工作

生态养殖的畜禽大部分时间是在舍外活动场地自由活动，相对于工厂化养殖方式更容易感染外界细菌病毒而发生疫病，因此，做好防疫工作就显得尤为重要。防疫应根据当地疫情情况制定正确的免疫程序，防止免疫失败。

为避免因药物残留而降低畜禽产品品质，饲养者要尽量少用或不用抗生素预防疾病，可选用中草药预防，有些中草药农村随处可见，如用马齿苋、玉米芯碳等可防治拉稀，五点草可增强机体免疫力。这样不仅可提高畜禽产品质量，而且可降低饲养成本。

（六）创建生态养殖品牌

建立生态养殖品牌，提高饲养者生态养殖的知名度。做好生态养殖宣传工作是建立生态养殖品牌一项非常重要的工作。把宣传工作做好，让广大消费者了解你的畜禽或畜禽产品是真正按生态养殖方式生产出来的，是高品质的，这样才能使消费者接受相对较高的价格，从而提高饲养者的经济效益，促进生态养殖健康、稳定、快速发展。

第二节　生态养殖的类型

一、立体养殖模式

立体养殖能够促进农业的生态化发展，达到挖潜降耗、降低污染的目的，有利于保护生态环境。如“鸡—猪—蝇蛆—鸡、猪”模式，即以鸡粪喂猪，猪粪养蝇蛆后肥田，蝇蛆制粉，含蛋白质高达63%，用来喂鸡或猪，饲养效果与豆饼相同，更重要的是，蝇蛆含有甲壳素和抗菌肽，可以大幅度提高猪、鸡的抗病力。这种模式，既节省了饲料粮和日常药物投入，又对鸡粪做了无害化处理，经济效益和环境效益均十分明显。与此相似的还有“鸡—鱼、藕”模式：架上养鸡，架下鱼池，池中养鱼、植藕；“水禽—水产—水生饲料”模式：坝内水上养鹅鸭，水下养鱼虾，水中养浮萍，同时坝上还可养猪鸡；还有“猪—沼—果（林、草、菜、渔）”等模式，都是非常好的立体养殖模式。

下面几种立体养殖模式也可供借鉴。

（一）稻鸭共育

稻鸭共育不同于过去的稻田养鸭，而是以水田为基础、种稻为中心、家鸭野养为特点的自然生态和人为干预相结合的复合生态系统。一般雏鸭圈养15~20天后放养在水田共育（共育期30~

36天），水稻抽穗后结束共育，再经14~20天关养出栏，放养量每667平方米15只左右。可免除稻田化学除草和灭螺，减少化肥、农药和饲料用量，提高水稻产量、鸭子肉质和经济效益。

（二）五园养鸡

生态放养是遵循动物与自然和谐发展的自然规律及鸡的生活习性，在草地草山草坡、果园、竹园、林地、荒滩上放养，即称五园养鸡。由于活动空间大、空气清新、机体健康、抗病力强、成活率高，既降低了饲养成本，又增加了野味。养出的鸡羽毛光亮、冠头红润、肉色更黄、风味独特、肉质鲜嫩、鸡味浓。

（三）农饲结合

农饲结合是指用大面积的蔬菜基地下脚料、青玉米秆、瓜果藤蔓等，供应养奶牛、养羊和家禽生产，取得保护环境、资源综合利用的效果，养畜成本大幅度下降。如某地西兰花种植面积很大，西兰花可食部分为花茎和花蕾组成的花球，而叶、茎为不可食部分。西兰花加工或采收后的叶与茎因此成了废弃物。当地农民利用茎叶作为兔的青饲料发展长毛兔生产，并尝试利用茎叶生产青贮料用于奶牛养殖，还利用茎、叶脱水生产叶粉。一方面变废为宝，减少环境污染，满足当地草食动物生产对青饲料的需要；另一方面进行西兰花副产品产业开发，增加西兰花种植的经济效益。

（四）农牧循环

某地采用“零污染”干式法养猪新技术，在栏舍内铺上敷料，将猪的粪尿吸附混合，生物处理后进行二次发酵，并经工艺处理成生态有机肥，解决了猪场环境污染的问题。猪舍干燥、无异味，猪场无污染排放，完全消除臭气和病菌，创造花园式的“零污染”养殖环境。猪生活在这种安全舒适的环境中，减少疾病发生，加快生长速度，缩短饲养期，从而使猪场既解决了环境污染问题，又提高了经济效益，为畜禽养殖业解决污染问题开辟了一条切实可行的农牧循环的技术途径。

（五）种草养殖

种草养殖是指冬季在晚稻收割以后种植黑麦草、紫云英等牧草作物，作为养鹅、养猪、养兔的饲料。采用一年生牧草与多年生牧草轮作方式，4 月下旬种苦荬菜或杂交狼尾草，9 月中旬清茬后种多花黑麦草或冬牧 70 黑麦，翌年 4 月下旬清茬后再种苦荬菜或杂交狼尾草。如此反复，发展獭兔养殖业。

（六）草山牧业

草山牧业是指利用自然草山饲养各种畜禽。这是传统的利用方式，牛羊基本靠放牧为主。但利用草山养殖土鸡是近几年的创新，各地普遍利用自然草山放养土鸡，利用了各种杂草、嫩枝叶，使土鸡的放养空间更大。

二、放归自然的生态放养

家禽过了人工给温期，就可以逐步将仔禽放养到果园、山林、草地或高秆作物地里，让牛、羊、驴、鸡等牲畜自由采食青草、野菜、草籽、昆虫。这种放归自然的饲养方式好处甚多：首先是减少了饲喂量，可以节省大量粮食；其次是能有效清除大田害虫和杂草，具有生物除害的功效，减少人们的劳动强度和大田的药物性投入；三是能增强家禽机体的抵抗力、激活免疫调节机制，家禽得病少，节约预防性用药的资金投入；四是能大幅度提高禽肉、禽蛋的品质，生产出受人欢迎的绿色产品。有条件的地方，都可以利用滩涂、荒山等自然资源，建设生态养殖场所，以便生产出无污染、纯天然或接近天然的绿色产品，同时还能从本质上提高动物的抗病能力，减少预防性药物的投入。

第三节　生态养殖发展现状与问题

一、生态养殖需解决的问题

（一）认识与观念

“生态养殖”这一概念，其内涵与外延随社会的发展、科技的进步、人类对健康的需求而不断变化。就现在而言，生态养殖的重要性包括生态平衡、资源优化、动物保健、产品绿色等几个层面，需正确引领发展健康养殖，解决养殖中遇到的问题。

（二）科学的评价办法

养殖业具有生态复杂性和形式多样性，所以要正确合理地评价生态养殖的有效性相对困难，如何更加全面、客观、科学地评价某种养殖模式或技术方法的合理性，对现代养殖业来说显得尤为重要。

二、发展生态养殖的迫切性和可行性

目前，我国的养殖业迅猛发展，在追求数量的增长、集约化程度提高和经济利润的同时，也不能忽略畜产品质量和生态效益的问题。

（1）规模养殖使饲养周期缩短，出栏率大大提高，数量增幅加快，同时也存在着饲料报酬相对较低、疾病蔓延、药物滥用、环境污染等一系列生产问题。畜禽养殖产生的污染已经成为我国农村污染的主要来源，养殖污染防治势在必行。

（2）一些养殖场为了片面地追求高额利润，从促生长、控制疾病和提高瘦肉率等方面出发，使用大量的违禁添加剂、抗生素、防腐剂和类激素等。在饲料中添加促生长剂以提高饲料的利用率，造成猪体中大量的有害物质残留。如使用违禁“瘦肉精”，

导致大量人员中毒，这给动物食品安全带来了隐患，致使我国畜产品质量安全问题成为全社会共同关注的焦点。

（3）我国作为畜禽生产和消费大国，出口欧美的畜产品屡屡受阻，畜禽产品的质量和安全性问题成为影响出口的主要障碍。人们逐渐认识到了问题的严重性，开始探索新的养殖模式，研究新的养殖技术、方法等来减轻养殖环境压力，寻求养殖业的可持续发展。

三、发展生态养殖

（1）加强饲料安全管理，把好畜产品质量关和饲料的安全性。近些年来，从禽流感到三鹿奶粉，畜产品中有毒金属及化合物、药物残留等安全问题引发的食品安全问题不断出现。对此，必须认真贯彻落实“无公害食品”的行动计划，建立安全饲料产品的生产技术规范等，确保畜产品质量。

（2）转化饲养模式，推行舍饲或半舍饲的饲养模式，牛羊养殖由传统的放牧为主改为现在实施的牛羊的舍饲圈养为主，改善草原生态环境，充分发挥和利用农作物秸秆资源，实现畜牧业生产可持续发展。

（3）建立完善的疫病防治体系，完善疫情疫病的防治，不仅关系到畜牧业的发展，而且关系到经济发展、人民健康和社会稳定。坚持预防为主，加大防疫力度，严防国外疫病传入。做好强制免疫，提高畜禽免疫率；执行严格的疫情报告制度；制定重大疫病防治应急措施，逐步建立起重大疫病的预防、监测、诊断体系和应急机制；加强检验检疫；尽快建立起完整的动物法律体系，在真正意义上实现依法防治动物疫病。

四、国内生态养殖的发展现状

（一）我国落后的传统养殖模式

我国是养殖大国，也是传统养殖模式弊端最大的国家。

由于长期以来养殖基础设施差、研究薄弱、养殖技术及管理水平较低、盲目追求短期效益等原因，世界贸易的打破并未给我国养殖业带来春天，相反是一度刺激了我国低水平养殖的急剧膨胀，大量产品涌上市场，又在出口通道上遭遇绿色屏障；与此同时，随着人们食品安全意识的不断提高，“抗生素滥用、色素添加投喂、药残”等问题相继出现，让人们对许多养殖产品望而却步。加上日趋严重的生态危机、市场危机、诚信危机，无异于当头一棒，使越来越多的人清醒地认识到发展健康养殖、迎头赶超国际先进水平，是我国养殖业发展的唯一出路。近年来，我国健康养殖研究蓬勃发展，在优化养殖环境、动物疫病防治、优质饲料配制、药物及饲料添加剂监管等方面取得了一定成效。但是，我国健康养殖研究还十分有限，加上对生态养殖的理解和认识上存在一定的片面与分歧，许多具体的“生态养殖模式”尚处于尝试、探索阶段。

（二）我国的健康养殖与国外的差距

1. 基础设施、设备条件差　我国养殖业尤其是工业化养殖过程所用的设施还不够完善，自动化程度不够高，养殖污染物处理设备落后。国外有先进的工厂化养殖，如微机控制技术、污染物达标排放、自动化投放饲料等。

2. 养殖技术落后　目前我国养殖技术普遍落后，饲养管理水平低，饲料搭配不合理，饲料利用率低，浪费严重，养殖污染严重。而国外大多采用转化效率高的人工优质配合饲料，饲养管理水平高。

3. 健康养殖的意识淡薄　国外发达国家将养殖与环境保护

紧密结合起来，注重人类生存环境与养殖业的协调发展，已形成健康养殖意识。而我国的养殖业普遍还处于粗放型养殖状态，养殖户的素质普遍还比较低，不注重养殖技术的提高，并且环保意识差，健康养殖的意识不强。

第四节　蛋鸡生态养殖的主要模式与特点

一、生态放养模式

生态放养模式主要是利用当地的林地、果园、草场、农田等作为放养场地进行蛋鸡的生态放养。

（一）模式特点

1. 体现了林牧结合、循环农业等生态养殖的基本要求　根据林地、果园、草场、棉田、草山草坡、河堤等可作放牧地的特点，充分利用了土地和空间资源，实行蛋鸡放养和舍饲相结合的生产方式，充分利用广阔的林地、果园等自然资源进行养鸡生产，达到以林养牧、以牧促林的良好效果，这种饲养模式体现了林牧结合、循环农业等生态养殖的基本要求。

2. 生产的鸡蛋、鸡肉是无公害、绿色、有机食品　鸡白天在林地、果园、草场、山场等放养场地自由觅食，充分利用了生态饲料资源，同时获得的野生饲料，一方面可以减少人工饲喂饲料的数量，节省饲料开支；另一方面野生的动植物饲料中含有丰富的动物性蛋白质和多种氨基酸，并且还有大量叶黄素等营养物质，使鸡肉营养丰富、味道鲜美，蛋黄颜色橙黄，适口性增加。通过对饲养过程的科学管理，可生产出无公害、绿色、有机的禽产品“鸡蛋”和“鸡肉”。

3. 为农牧业生产提供了良好的生态条件　林地给鸡提供了自由活动、觅食、饮水的广阔空间，林地环境安静、空气新鲜、光照充足、有害气体少、饲养密度小，从而给鸡提供了良好的生活环境，使鸡只健康，生长发育良好。鸡在新鲜的空气、自由的觅食运动中充分享受了动物福利。养鸡产生的粪尿等废弃物可就地消纳，减少对周围环境的污染。适当适时的放牧，对林地的生产经营有利，通过林牧结合，可使林地生态结构合理，提高生产率，增加收入。

（二）要求条件

这种生态养鸡模式首先要有适宜的林地、果园、草场等放养场地，且林地的类型、环境条件、林地的植被状况、水源等都应具有一定的条件要求。

我国地域广阔，各地具有多样化的林地、果园、草场等资源，把自然资源有效开发利用，进行适度规模的蛋鸡生态放养，符合市场对优质、安全畜产品的需求，也能够充分发挥地区生态农业的优势，是带动农民致富的好项目。

我国南北各地林地自然资源差异较大，自然气候条件和市场消费需求各不相同，在利用林地进行蛋鸡的生态放养方面呈现多样化局面。

各地可利用现有林木、竹林、果园、荒山荒坡、草场进行适度的规模生态养鸡。蛋鸡生态放养的规模化生产要通过正确引导和组织，加强技术培训，以规模饲养基地为龙头，靠特色、绿色形成品牌，抢占市场，实现产、供、销一条龙，以取得好的经济效益。

生态放养的模式通过建立良性物质循环，实现资源的综合利用，既解决农林争地矛盾，改善农业生态环境，又可提高自然资源利用率，增加农民收入，促进生态和经济协调发展，符合生态养殖的基本要求和生产实际。该模式是很多地区发展生态养鸡的重要模式，具有良好的发展前景。

二、种、养、能源配套的生态种养模式

这种生态种养养殖模式是按生态学原理，以蛋鸡养殖为主，养种结合，农、牧、鱼、沼综合经营，形成生态、经济良性循环的生产模式。如鸡、沼气、粮、果、林、菜循环利用的生态种养的模式。

（一）特点

鸡—沼—粮（果、菜）生态养殖模式是为合理处理养鸡过程中产生的粪尿、污水等废弃物，对粪便中生物能加以利用，让鸡场排出的粪便污水进入沼气池，经厌氧发酵产生沼气，把沼气作为二次能源，可作为燃料，发电供民用，沼渣作为粮（果、菜）地的肥料，沼液可作优质饵料用于喂鱼、虾等，粮（果、菜）的加工副产品又可作为鸡的饲料，循环利用。

（二）要求条件

采用这种生态养殖，需要根据养鸡规模，在养鸡场配置建造不同容积的沼气池，产生的沼渣、沼液最好就近在周围的土地利用，作为肥料施用到农田、果园、林地、菜地等。

鸡—沼—粮（果、林、菜）的生态养殖模式形成了物质的循环利用，既可解决鸡场对环境的污染，又可为农业生产提供肥料，还可为农民生活和鸡场生产提供干净的能源。但建沼气池需要一定的投资，尤其规模化养鸡场沼气处理设施建设需要的一次性投资大，应争取国家资金支持沼气的产生需要，选择适宜温度，低温季节往往产气少甚至停止产气。大中型鸡场由于远离居民点，沼气的利用有一定困难。

三、蛋鸡标准化、规模化生态养殖模式

（一）特点

1. 健康养殖　严格按照养殖场建设标准的要求选址，规划

建场，场内设生活区、管理区、生产区、粪便处理区，鸡舍设计合理。鸡场饲养现代高产蛋鸡品种，饲喂全价优质饲料。饲养技术规范，鸡舍环境控制技术先进，饲养过程的饮水、喂料、温度控制、湿度控制、通风、捡蛋等可根据鸡场实际条件配套机械化或自动化的设施、设备。标准化、规模化的生态养鸡场集约化水平高，饲养规模大，应严格控制品种、饲料、饲养管理、卫生防疫等各生产环节，确保鸡群健康，实现健康养殖。

2. 合理的粪污处理措施 结合各场的具体情况，采用不同的粪污处理方法，配备相应的设施设备，减少鸡粪对周围环境的污染，实现清洁生产。该种模式的生态鸡场，可根据实际情况，在鸡场或附设沼气利用设施，或附设有机肥综合利用设施，或设置集粪池，不定期运到农田作为肥料或运到附近的有机肥厂进行处理，鸡场的污水进行预处理后达标排放或利用。

（二）基本要求

这种模式技术水平要求高，投资较大，管理难度较高，适合现代化、规模化养鸡场采用。可采用公司加合作社加基地加农户的产业链结合带动的方式，把养殖户连接起来，统一粪污处理方式，进行生态养殖。鸡场还可以在林间、果园、园艺场选址建场，利用林木、排水渠等将场内不同功能区自然隔离，也可在鸡舍间种植低矮经济作物。根据鸡场、林地规模的具体情况，鸡粪可直接为林场、果园利用，或设置鸡粪微生物发酵生产车间，生产有机肥和有机无机复混颗粒肥，供本场或区域内的大棚生产有机水果或有机蔬菜使用。带动当地生态—循环有机农业的发展。

蛋鸡标准化、规模化的生态养殖模式，综合考虑鸡场的环境安全，兼顾鸡场对周围环境的污染，采用综合的养殖手段和途径，最后生产出安全、优质的禽产品，同时又做好环境保护的工作。

第二章　蛋鸡生态养殖场的规划设计

第一节　蛋鸡生态养殖场的环境要求

生态养蛋鸡对自然环境适应性很强，蛋鸡饲养场地选择的好坏，适宜与否，会影响蛋鸡的健康状况和经济效益的高低。相比之下，蛋鸡生态放养的场地和设施相对简单。可以放养蛋鸡的场地很多，如果园、林地、草坡等。但进行标准化、规模化生态养殖时，场址选择还要考虑综合性因素，如地势、水源、交通、电源、面积、防疫条件、自然灾害等自然环境、社会环境、经济环境和生产规模来选定。

蛋鸡生态养殖对鸡场环境的基本要求是，从空气、饲料、饮水、粪便四个方面实现病原微生物的控制，鸡舍内温度、湿度、光照、通风等控制在适宜的范围内，为鸡群充分发挥遗传潜力、实现最大经济效益创造一种最佳的生产环境。

蛋鸡养殖场必须选择在生态环境良好、无或不直接受工业“三废”及农业、城镇生活、医疗废弃物污染的生产区域。选地应参照国家相关标准的规定，避开水源防护区、风景名胜区、人口密集区等环境敏感地区，符合环境保护、兽医防疫要求。场区布局合理，生产区和生活区严格分开；养殖区周围 500 米范围内、水源上游没有对产地环境构成威胁的污染源，包括工业“三废”、农业废弃物、医院污水及废弃物、城市垃圾和生活污水等污物。与水源有关的地方病高发区不能作为无公害鸡蛋生产、加工地。

鸡场应选择地势较高，干燥，背风向阳，环境安静，水源充足卫生，排水和供电方便，距离干线公路、村镇居民集中居住点至少1千米，周围3千米内无污染源的林带、果园、草场、荒山坡等地方，其中生态放养场地还应有放养鸡可食的野生饲料资源，如野草、昆虫、腐殖质等。

一、饮用水质量指标

生态养鸡的饮用水质量指标应符合表2-1的要求。

表2-1　饮用水质量指标　（单位：毫克/升）

项目指标	指标
砷	≤0.05
汞	≤0.001
铅	≤0.05
铜	≤1.0
铬（六价）	≤0.05
镉	≤0.01
氰化物	≤0.05
氟化物（以F计）	≤1.0
氯化物（以Cl计）	≤250
六六六	≤0.001
滴滴涕	≤0.005
总大肠菌群（个/升）	≤3
pH值	6.5~8.5

二、空气环境质量指标

蛋鸡生态养殖场空气环境质量应符合表 2-2 的要求。

表 2-2　蛋鸡生态养殖场空气环境质量指标　（单位：毫克/米^3）

项目	缓冲区	场区	雏鸡舍	成鸡舍
氨气	2	5	10	15
硫化氢	1	2	2	10
二氧化碳		380	750	1 500
可吸入颗粒 PM10		0.5	1	4
总悬浮颗粒物 TSP		1	2	8
恶臭（稀释倍数）		40	50	70

注：缓冲区指鸡场外周围，沿场院向外小于等于 500 米范围内的鸡场保护区；场区是指规模化鸡场院墙以内、鸡舍以外的区域。

三、生产加工环境空气质量指标

蛋鸡场生产加工环境空气质量应符合表 2-3 的要求。

表 2-3　生产加工环境空气质量指标

项目	日平均	1 小时平均
总悬浮颗粒（标准状态）（毫克/米^3）	≤0.30	
二氧化碳（标准状态）（毫克/米^3）	≤0.15	≤0.50
氮氧化物（标准状态）（毫克/米^3）	≤0.12	≤0.24
氟化物［微克/（分米^3·天）］	≤3（月平均）	
铅（标准状态）（微克/米^3）	1.5（季平均）	

四、防疫要求

按照《中华人民共和国动物防疫法》及 GB 16549 规定的要求进行；采用“全进全出”养殖管理模式，生产地应建有隔离区实施灭鼠、灭蚊、灭蝇，禁止其他家畜禽进入养殖场内；发现疫情应立即向当地动物防疫监督机构报告，接受防疫机构的指导，尽快控制、扑灭疫情，病死鸡按 GB 16548 规定进行无害化处理。

五、消毒要求

养殖场应建立消毒制度，定期开展场内外环境消毒、鸡体表消毒、饮用水消毒等不同消毒方式；使用的消毒药应安全、高效、低毒、低残留；进出车辆和人员应严格消毒。

六、防止噪声设计要求

各类鸡舍的生产噪声或外界传入的噪声控制在 85 分贝以下。对产生噪声较大的车间，应控制噪声声源，选用低噪声设备或采取隔音减噪控制措施。

七、鸡场废弃物的处理要求

生态鸡场废弃物的处理要求按《畜禽养殖污染防治管理办法》规定执行，鸡场废弃物的排放要求应符合《集约化畜禽养殖业污染物排放标准》，相关标准参见表 2-4 至表 2-6。

表 2-4　集约化畜禽养殖业水污染最高允许日均排放量（单位：毫克/升）

控制项目	五日生化需氧量	化学需氧量	悬浮物	氨氮	总磷（以P计）	粪大肠菌群数(个/毫升)	蛔虫卵（个/升）
标准值	150	400	200	80	8.0	10 000	2.0

表 2-5　畜禽养殖业废渣无害化环境标准

项目	指标
蛔虫卵	死亡率≥95%
粪大肠菌群数	≤105 个/千克

表 2-6　集约化畜禽养殖业恶臭污染物排放标准

控制项目	标准值
臭气浓度（无量纲）	70

八、绿化要求

绿化可以美化环境，改善鸡场的自然面貌，改善鸡场小气候，净化空气、保护环境，吸尘灭菌、消毒空气，增强防火效果，减弱噪声对鸡场的影响。绿化林木有以下几种。

（一）防护林带

防护林带设在冬季主风的上风向，鸡场周边种植乔木和灌木结合带，最好是落叶树和常绿树搭配，高矮树种搭配，植树密度可稍大些。宽度一般为 5~8 米，植树 3~5 行，呈“品”字形排列。在场界北、东北、西北，加宽这种混合林带要 10 米以上，至少种 5 行，用以防风阻沙。

（二）隔离绿化

隔离绿化设在各场区之间及围墙内外，选树干高、树冠大的乔木，宽度 3~5 米，种植 2~3 行。

（三）行道绿化

行道绿化用于道路两旁和排水沟边的绿化，种植低矮灌木等。场外主干道路旁种植 1~3 行树冠整齐的乔木，但靠近建筑物的地段不宜种植叶密、高大的树木，以免影响鸡舍的自然采光。

（四）遮阳绿化

遮阳绿化一般设于鸡舍南侧和西侧，在不影响鸡舍采光的情况下，在房顶可以架设葡萄、佛手瓜等植物起遮阳作用。

（五）绿地

绿地是指场区内除道路及建筑物之外全部铺种草坪，可调节场区内小气候、净化环境。

九、鸡舍内环境要求

鸡舍内环境主要包括温度、湿度、空气质量和光照等环境因素。要求如下：

（一）温度

鸡舍适宜的温度随鸡龄不同而有所变化，雏鸡0~6周龄最佳舍温为18~25℃。第一天舍温要求稍高，达33~35℃，以后每周下降2~3℃，直至18~21℃即可稳定下来。鸡的育雏温度要求见表2-7。

表2-7　鸡的育雏温度要求

周龄	育雏器温度（℃）	室内温度（℃）
1	32~35	24~30
2	29~32	21~24
3	27~29	18~21
4	24~27	16~18
4周龄以后	21	16

开产鸡最适宜的舍温为13~23℃，最低为5℃，最高为30℃，温度过高或过低均不利于产蛋。保持产蛋与饲料效能的最佳温度为18~27℃，最大饲料效率的环境温度为24~27℃。鸡舍的温度要求见表2-8。

表2-8　鸡舍的温度要求

类别	最佳温度（℃）	最高温度（℃）	最低温度（℃）	使用育雏器时
0~4周龄雏鸡	22	27	10	
暖室育雏	31	—	—	育雏温度32~35℃，4周降至21℃
育成鸡	18	27	10	
产蛋鸡	24~27	30	5	

鸡舍温度的调控一般选用湿帘或机械通风等方法，再选用一些加温设备即可实现全年的温度调节。

（二）湿度

雏鸡要求的适宜相对湿度为60%~75%，成鸡为60%~65%。相对湿度适宜时抗病性增强，产蛋率提高；湿度过高，致病细菌和寄生虫卵繁殖迅速，容易诱发鸡的各种疾病；湿度过低，易导致呼吸器官疾病的发生。不同饲养期鸡舍内相对湿度可参考表2-9。

表2-9 不同饲养期鸡舍内相对湿度

周龄	舍内相对湿度（%）	周龄	舍内相对湿度（%）
1	65~70	6~7	55~60
2~3	60~65	8~17	55~65
4~5	55~60	18~72	55~65

采用水盘加水供湿，或在垫料中加水或地面洒水增加舍内湿度；湿度过高时，则加强通风和在室内放生石灰块等办法降低舍内湿度。

（三）空气质量

鸡舍内空气质量的好坏取决于空气中所含有害物质的多少，主要包括有害气体、尘埃和微生物。

1. 有害气体 包括氨气、硫化氢、二氧化碳等。氨气和硫化氢容易对黏膜产生刺激作用，引起呼吸道感染、结膜炎、鼻炎等。鸡舍中氨气的最大允许量为20毫升/米^3；硫化氢最高不允许超过10毫克/米^3。

二氧化碳在空气中浓度过高，持续时间较长时，可造成鸡群机体缺氧。鸡舍中二氧化碳的浓度不得超过0.15%。鸡舍内各种气体的致死浓度和最大允许浓度见表2-10。

表 2-10　鸡舍内各种气体的致死浓度和最大允许浓度

气体	致死浓度（%）	最大允许浓度（%）
二氧化碳	>30	<1
甲烷	>5	<5
硫化氢	>0.05	<0.004
氨气	>0.05	<0.002 5
氧气	<0.6	—

2. 尘埃和微生物　尘埃和微生物来源于大气和饲料粉尘及鸡舍环境，如果空气污浊，微生物的含量会大大增加，可引发呼吸道疾病，如传染性支气管炎（传支）、传染性喉气管炎（传喉）、新城疫等。可通过对鸡舍及周围环境的防疫消毒工作、鸡舍的通风及搞好周围环境的绿化等途径减少舍内有害气体、尘埃、微生物等有害物质。

（四）光照

光照时间的长短和强度直接影响鸡的性成熟和生产性能。蛋鸡在不同饲养期都必须有合理的光照，适宜的光照条件可提高蛋鸡产蛋率。

1. 光照时间　育雏阶段，从雏鸡出壳后的前 3 天，每天光照时间为 23~24 小时，以后逐渐缩短至 8~9 小时，18~20 周龄时产蛋鸡光照应恒定在 16 小时。从 20 周龄开始光照时间每周增加 0.5~1 小时，直到最有利于母鸡产蛋的光照时间 14~16 小时，但不能超过 17 小时，以后保持不变。过长、过短都会对产蛋造成影响。

2. 光照强度　出壳后的前 3 天光照强度可增加到 20~30 勒克斯，从 4 日龄到开产前为 5~10 勒克斯，产蛋期的光照强度控制在 10~20 勒克斯。

3. 光照制度　雏鸡、育成鸡和产蛋鸡的生理代谢不同，对光照时间的长短要求也各不相同，只有根据不同阶段生长发育和生产对光照的需求，制定合理的光照制度，才能发挥更好的生产性能。

（1）封闭式鸡舍光照制度。封闭式鸡舍完全采用人工光照（表 2-11）。增加光照时间并不完全按照周龄确定，当以下任何一项达到标准时必须对鸡加以光照刺激，否则会影响鸡的性成熟和生产性能的发挥：①平均体重已达品种标准的开产体重；②产蛋率自然达到 5%；③胫骨长度达到品种标准的开产长度。

表 2-11　封闭式鸡舍参考光照制度

鸡的大小	光照时间（小时）	光照强度（勒克斯）
1~2 日龄	23~24	30
3~7 日龄	18	20~30
2 周龄	16	5~10
3~17 周龄	8	5~10
18 周龄	9	5~10
19 周龄	10	5~10
20 周龄	11	10~20
21 周龄	12	10~20
22~23 周龄	13	10~20
24 周龄	14	10~20
25~26 周龄	15	10~20
27 周龄以后	16	10~20

（2）开放式鸡舍光照制度。目前我国大部分鸡场采用的都是开放式鸡舍，开放式鸡舍的光照制度应根据日照时间的变化来制定（表 2-12）。

表 2-12　开放式鸡舍参考光照制度

周龄	光照时间	
	5 月 4 日至 8 月 25 日出雏	8 月 26 日至翌年 5 月 3 日出雏
0~1	22~23 小时	22~23 小时
2~7	自然光照	自然光照
8~17	自然光照	恒定在此期间最长光照
18~68	每周增加 0.5~1 小时至 16 小时恒定	每周增加 0.5~1 小时至 16 小时恒定
69~72	17 小时	17 小时

（五）通风量要求

通风可以排出氨气、硫化氢等有害气体，调节温度、湿度是调节鸡舍环境条件的有效手段。通风量根据热平衡计算或者依据有害气体浓度控制要求来确定。

鸡舍气体交换量的计算可按最终排出鸡舍的总重量计算，即每千克鸡重所需的通风量按 0.113 米^3/分计算，并以此计算所需的空气电净化器的数量。在合理饲养密度条件下，蛋鸡每千克体重的通风量见表 2-13。

表 2-13　不同温度条件下蛋鸡每千克体重每分钟所需的换气量

［米^3/（分·千克）］

温度（℃）	5	10	15	20	25	30	35
通风量	1.8	2.3	2.7	3.1	3.5	3.9	4.3

一般夏季舍内鸡体周围的气流速度最高限为 2.5 米/秒，冬季以 0.1~0.2 米/秒为宜。以风的流速不超过 0.3~0.35 米/秒为标准计算自然引风排气筒的高度、数量或通风机所需的功率及通风量，根据最小通风量确定冬季需要开多少风机。鸡舍的最大通风量应按最高气温和最大体重时的通风量计算，并在此基础上再加 10%~15%的保险系数较为稳妥。安装风机时最好大、小风机结合，以适应不同季节的需要。根据舍内的空气污染情况、舍外

温度等决定开启风机多少。不同气候区域鸡的最大通风量可参考表 2-14。

表 2-14　不同气候区域鸡的最大通风量　［米^3/（小时·千克）］

鸡的种类	体重（千克）	外界可能达到的最高温度		
		中温区 27℃	高温区>27℃	低温区 15℃
雏鸡		5.6	7.5	3.75
后备鸡	1.15~1.18	5.6	7.5	3.75
蛋鸡	1.35~2.25	7.5	9.35	5.60

第二节　蛋鸡生态养殖场的建筑设计

鸡舍建筑设计应该满足鸡群生物学特性的要求，应该根据养鸡场的饲养工艺设计和环境因素设计参数，给以科学、合理的设计。

一、鸡场规划与布局原则

（一）鸡场规划原则

（1）首先应考虑保护人的工作和生活环境，尽量使其不受饲料粉尘、粪便、气味等污染；其次要注意生产鸡群的防疫卫生，杜绝污染源对生产区的环境污染。总之，应以人为先，污为后，按人、鸡、污的顺序排列。

（2）从生态养殖环境控制角度着手，全面考虑粪便污水的处理和利用。

（3）节约用地，少占耕地。

（4）平面规划中，应该包括绿化布置（防护林带、隔离绿化、遮阳植物、行道树）。

（5）满足当前生产需要的同时，综合考虑将来扩建和改建的可能性。

（二）鸡场布局原则

(1) 根据蛋鸡生产工艺流程建立最佳生产联系和卫生防疫条件，合理安排舍区位置。

(2) 着重解决风向、地形和各建筑物间距。

(3) 考虑人员的工作、生活集中场所和环境保护，并杜绝污染物对生产环境污染的可能性。

二、鸡场建筑物的种类

按房舍的用途，鸡场建筑可分为四类。

（一）行政管理用房

行政管理用房包括行政办公室、接待室、会议室、图书资料室、财务室、值班门卫室及配电、水泵、锅炉、车库、机修等用房。

（二）职工生活用房

职工生活用房包括食堂、宿舍、医务、浴室等房舍。

（三）生产性用房

生产性用房包括各种鸡舍、孵化室等。

（四）生产辅助用房

生产辅助用房属间接生产性用房，包括饲料库、蛋库、兽医室、消毒更衣室等。

三、鸡场各种房舍的分区规划

鸡场一般分为场前区（职工生活区和行政管理区）、生产区和隔离区三个功能区。各区间保持 50 米以上距离。三个功能区布局时主要考虑人、鸡卫生防疫和工作方便，根据地势和主导风向顺序进行排列。如地势与风向不是同一方向，而按防疫要求又不好处理时，则以风向为主，与地势矛盾可以其他设施加以解决，如挖沟设障或利用偏角（与主导风向线垂直的两个偏角）。总之，以使水流绕过和避开主导风向为原则。按防疫要求和环境保护的需要，鸡场分区规划先后顺序如图 2-1 所示。

1.职工生活区 ┐
　　　　　　 ├ 场前区
2.行政管理区 ┘
3.辅助生产区—生产辅助区
4.种鸡饲养区—种鸡区、生产区
5.病鸡和粪便污水处理区—排污区

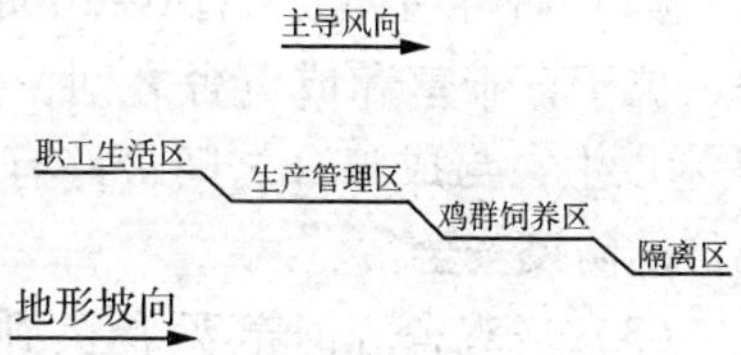

图 2-1　按地势、风向鸡场分区规划先后顺序

（一）场前区

场前区包括行政管理区和生活区，是负责鸡场的经营管理和对外联系的场区，设在与外界联系方便的位置。办公室、饲料加工及料库、车库、杂物库、蛋库、锅炉房、更衣间和消毒间等设在行政管理区内，宿舍、餐厅设在生活区。鸡场大门设在靠近行政管理区办公室最近围墙处，大门前设车辆消毒池，附建门卫和消毒更衣室。

鸡场的供销运输和社会联系十分频繁，很容易造成疾病的传播，故场外运输要严格与场内运输分开，场外车辆严禁进入场内。

场前区与生产区以围墙隔离，最好保持 30~50 米的距离。因防疫需要，外来人员只能在场前区活动，严禁进入生产区内。

（二）生产区

生产区是鸡场的核心，是生产经营场所，也是防疫重点，所以对生产区的规划布局要细致、全面、合理。

1. 根据蛋鸡生产工艺流程和管理要求布置育雏舍、后备鸡舍和成鸡舍

（1）育雏舍。培育 0~6 周龄雏鸡的专用鸡舍，处在成鸡舍上风向处，可以使幼雏得到新鲜空气，避免成鸡舍排出的污浊空气造成疾病传播，减少发病机会。育雏室和成鸡舍要有 30 米以上的距离。

（2）后备鸡舍。培育 6~20 周龄的雏鸡专用鸡舍，也叫中鸡舍，位于育雏室和成鸡舍之间，与它们之间的距离分别保持在 15 米以上，与成鸡舍之间最好有绿化隔离带，以确保育雏育成鸡群的防疫安全。

（3）成鸡舍。饲养 20 周龄到淘汰的产蛋鸡，在生产区的下风向处，如果有种鸡的话，种鸡舍应在蛋鸡舍的上风向处。

2. 鸡舍布置原则

（1）鸡舍朝向。根据当地的地理位置、太阳辐射等来确定，适宜的朝向要满足鸡舍日照、温度和通风的要求。一般采取南北向方位。允许做一些朝向上的调整，以南北向偏东或偏西 10°~30°为宜。

（2）鸡舍排列。在鸡舍的排列上，一般横向成排（东西方向），纵向成列（南北方向），左右、前后错开排列，需注意平行的原则，四栋以内一行排列，四栋以上两行排列。

（3）鸡舍间距。按蛋鸡生产的采光需要，鸡舍间距以保证在冬至日上午 9 时至下午 3 时，采光达 6 小时；按通风要求，采用自然通风且鸡舍纵墙垂直于夏季主风向，间距取舍高的 3~5 倍；按通风要求，采用横向机械通风，其间距因防疫需要，不应小于舍高的 3 倍；若采用纵向机械通风，鸡舍间距可以适当缩小，为舍高的 1.5 倍即可；防火角度考虑按国家规定，采用 8~10 米的间距。综合以上几种因素的要求，鸡舍间距为舍高的 3~5 倍（南排鸡舍高）时，可以基本满足各方面的要求。

生产区的道路分为清洁道和污道两种，分别设置在鸡舍的工作间和排风口两侧。清洁道专供运输鸡蛋、饲料和转群使用，污道专用于运输鸡粪和淘汰鸡。

（三）隔离区

隔离区是鸡场病死鸡、粪便等污物集中处理区，是卫生防疫和环境保护工作的重点，处在全场的下风向和地势最低处，与生产区的距离应不小于 50 米，和鸡舍之间最好有绿化隔离带。粪场要设置在便于鸡粪从鸡舍运出又可以方便运出场外的位置。

四、鸡舍的建筑参数

（一）长度

鸡舍长度取决于整批转入鸡舍的鸡数，具体长度视鸡场规模而定。

（二）跨度

根据鸡笼排列的列数，在留有适宜的走道后，方可决定鸡舍的跨度；开放式鸡舍一般以 6~9 米为宜；封闭式无窗鸡舍的跨度可达 12~15 米。

（三）高度

（1）根据饲养方式、消毒方法、跨度及气候条件而定。通常鸡舍内中部高度不应低于 4.5 米。

（2）跨度不大、平养、气候不太热的地区，一般从地面到屋檐的高度为 2.5 米。

（3）跨度大、夏季气温高的地区，又是多层笼养的鸡舍，高度为 3 米左右。

（4）高床式鸡舍高度比一般鸡舍要高出 1.5~2 米为宜。

（四）屋顶坡度

气温较高、雨量较大的地区，屋顶坡度可加大，但要求具有防水、隔热、负重能力，屋顶两侧的下沿留有适当的檐口。

（五）墙壁

在气候温和的地区，墙壁的厚度可薄一些，外墙用水泥抹缝，内墙用水泥或石灰盖面。

（六）门窗

（1）考虑所有设施和工作车辆都能顺利进出为度。一般单扇门要求高度2米，宽度1米；双扇门要求高度2米，宽度1.6米。

（2）窗与舍内面积比例为1∶（6~8），北窗为南窗的1/2，南窗设气窗。南北墙的下部留通风窗，尺寸为30厘米×30厘米。

（七）通道

宽度大于9米的鸡舍，通道设在鸡舍中央，宽度约1.5米；跨度小的平养鸡舍，通常将通道设在北侧，其宽度约1.2米。

五、鸡舍建筑设计的基本要求及建筑类型

（一）鸡舍建筑设计的基本要求

1. 隔热保温及防暑降温　建筑上要考虑隔热能力和防止鸡舍散热的能力，特别是屋顶结构，设法减少夏季太阳辐射热的进入和冬季冷风的渗透，克服昼夜温差和季节变动对舍内环境的影响。

2. 通风换气　具有良好的通风换气能力，通过自然通风和机械通风将有害气体排至舍外，引入新鲜空气，调节舍内的空气温度和湿度，再将污浊的空气排出场区，保证场区内空气洁净。

3. 清扫、消毒和防疫

（1）根据蛋鸡饲养全进全出的生产特点，鸡舍必须便于冲刷消毒。

（2）鸡舍地基应高出自然地面25厘米以上，舍内保持2%~3%的坡度，并铺成水泥地面，房顶和墙壁应该平整。

（3）舍外四周需要有25~30厘米深的排水沟，并硬化处理。

4. 鸡舍位置　要求地势较高，雨天不积水，空气、水源无污染。

（二）鸡舍的建筑类型

鸡舍基本上分为密闭式鸡舍、开放式鸡舍、半开放式鸡舍。

1. 密闭式鸡舍　又称全封闭鸡舍，具有较好的保温隔热条件，舍内环境通过人工或仪器控制进行调节。鸡舍内采用人工通风与光照，通过变换通风量的大小，控制舍内温、湿度和空气成分。受外界干扰少，有利于鸡的生长发育和产蛋，但一次性投资大，建筑造价高，对电源的依赖性很强。

2. 开放式鸡舍　这类鸡舍全部或大部分靠自然通风、自然光照，舍内环境受外界环境变化的影响较大，由于自然通风和光照有限，在生产管理中这类鸡舍常增设光照设备，以补充自然条件下光照的不足。其优点是鸡舍造价低，节省能源。缺点是受外界环境影响较大，尤其受光照的影响最大，不能很好地控制鸡的性成熟。

3. 半开放式鸡舍　这种鸡舍结合了开放式鸡舍和密闭式鸡舍的优点，鸡舍南北墙上设有窗户，可以充分利用自然光照和通风，晚上和关闭窗户后可以靠人工控制通风、补充光照，既能充分利用自然环境条件，又可以减轻高温和寒流对鸡群的威胁。造价和投资相对较少，是我国目前应用最多的一种鸡舍。

六、鸡舍设计要求

鸡舍主要分育雏室、育成舍和蛋鸡舍，三种鸡舍的面积之比一般为1∶2∶3。根据鸡的大小和生理特点的不同，对房舍的设计要求也不同。

1. 育雏室　育雏室是培育0~6周龄雏鸡的专用鸡舍。房舍要求是保温防寒，通风向阳，地面干燥，并能调节空气，房舍严密，防止鼠害。因此，育雏室房舍要低，屋顶要有天花板。建筑材料保温性好，导热系数小，具有较好的防火和抗冻性，吸水吸湿性强，透水性小，耐水性强，具有一定的强度、硬度、韧性和耐磨性，便于清扫、清洗和消毒。南北均设有窗户，南面窗户面积要比北窗大。

育雏室一般高度为2.3~2.5米，跨度不宜太大，一般为6~9米。多用立体育雏笼育雏，分多列摆放，列与列之间有宽50~70厘米的走道，舍内要有取暖设备。

2. 育成舍 也叫后备鸡舍、青年鸡舍，是培育6~20周龄的雏鸡专用鸡舍。房舍要求保温、隔热，鸡舍应尽可能设天棚，使屋顶和天棚间形成顶室。地面应防水、坚实、平整、光洁而不滑、抗压、抗冲击、耐腐蚀，有一定的保温性能，隔潮，不积水，便于清扫、冲洗和消毒。鸡舍南北均设有窗户，通风换气方便、采光良好。

一般育成室高度为3~3.5米，跨度为6~9米，长度不超过60米。舍内鸡笼为两列三走道或三列四走道，列与列之间有宽80~120厘米的走道。

3. 蛋鸡舍 蛋鸡舍是饲养20周龄到淘汰的产蛋鸡，是鸡生活时间最长的地方，房舍要求坚固耐用，操作方便。鸡舍的设计要防寒与采暖兼顾、防热与降温并重、通风换气方便、鸡舍采光良好。墙壁具有良好的保温和隔热性能，结构简单，坚固抗震，防水耐水；地面应防水、坚实、平整、光洁而不滑、抗压、抗冲击、耐腐蚀，有一定的保温性能，隔潮，不积水，便于清扫、冲洗和消毒。鸡舍的门应有净门和污门之分。鸡舍门一般宽1.5~2.0米，高2.0~2.4米。有窗鸡舍的窗户应足够大，窗与舍内面积比例为1：（6~8），北窗面积为南窗的1/2，南北墙的下部留有通风窗，尺寸一般为30厘米×60厘米，以保证鸡舍的自然通风。通气口的设计因通气方式不同而不同，自然通风方式的，应在鸡舍纵向墙壁的顶部均匀地设通风口。采用机械通风方式的，对称地设进气口和排气口。鸡舍内要有照明设施、通风设施等。

蛋鸡舍高度为2.5~3米，跨度为9~12米，长度为60~100米。舍内鸡笼为两列三走道或三列四走道，列与列之间有宽80~120厘米的走道。鸡架下方为排污区，采用机械除粪，应低于地面 30~40 厘米。

第三节　蛋鸡生态养殖安全生产环境净化

被污染的环境中含有大量的病菌，蛋鸡长时间生活在受污染的环境中，污染物通过饮水和饲料进入鸡体内沉积，会对鸡神经系统和内分泌系统产生危害，并损害肝、肾、心脏及胃肠功能，直接影响鸡群的健康、生产水平和经济效益。要确保鸡群健康，必须减少环境中的病原微生物含量，做好环境净化控制。

环境净化的目的是：防止、减少病原从外部传入场区；防止、减少病原在生产区内的传播；防止、减少病原在栋舍内部、上下批次间传播。

一、环境净化的技术措施

（一）合理规划鸡场建设环境设计

根据生产工艺流程要求合理确定各部分建筑群的组成和功能，结合建筑物及各项工程设施相互之间的平面和空间关系，同时考虑自然地形和社会条件，科学布局建筑布置、交通、绿化和环保要求，相互协调形成统一的有机体。

（二）通过日粮调控降低对环境的污染

配制氨基酸平衡日粮，使日粮的氨基酸水平与蛋鸡的氨基酸水平相适应，提高日粮蛋白质消化率，减少因日粮中营养物质吸收不全而生成的恶臭物质，降低粪便的气体污染和氮污染。

（三）使用微生物制剂进行生态养殖

（1）在鸡日粮中添加微生态制剂，维持蛋鸡消化道内的微生物平衡，提高蛋鸡对饲料的利用率，抑制鸡肠道有害气体排出，改善养殖环境。

（2）利用微生态制剂的抗腐败和分解转化有害物质的功能，

降低以至消除粪便及鸡舍的恶臭气味，最大限度克服鸡场对周围环境的污染，促进鸡场粪便的无害化和进一步资源化。

（3）鸡蛋的营养成分在有效微生物作用下发生了变化，蛋白质等有效营养成分提高，胆固醇、脂肪等不利于人体健康的成分下降，生产的是无污染、无公害的健康食品。

（四）重视饲料质量安全

控制饲料成分，重视饲料安全，禁止添加抗生素及铜、锌、砷、氟等危害人体健康的微量元素，应用无毒、无污染、无残留的新型饲料添加剂。

（五）加强对病死鸡的处理

（1）建立病鸡淘汰制度，利用深埋法处理病死鸡，但需注意地下水被污染的可能性。

（2）利用焚化法处理死鸡安全彻底，不会对周围环境、兽医防疫安全造成危害，大群焚烧时注意对空气的污染问题。

（六）建立鸡场废弃物的无害化处理系统

（1）利用微生物发酵技术处理后的粪便无臭、无害，是优质的有机肥料，可长期保存，既可净化环境，又可变废为宝，是绿色农业的高效颗粒肥料。

（2）生产沼气是综合利用鸡粪尿、防止污染环境和开发新能源的有效措施，形成了多层次结构模式和物质多级利用的良性循环。

（3）干鸡粪经过发酵和日晒，可消灭杂菌，清除臭味及有害物质，使之转化为饲料原料，可作为某些配合饲料的蛋白原料使用。

二、环境净化的有效方法

（一）隔离

隔离主要涉及场区、生产区和栋舍隔离管理三个层次。

1. 场区隔离管理

（1）人员管理。饲养人员禁止在家中饲养任何畜禽，禁止到疫区；如有从疫区回来的销售、服务人员，必须在家隔离3天，洗澡、更换衣服后方可进入场区；本场人员进入场区必须走消毒通道；谢绝外来人员进出场区。特殊情况下，必须通过消毒通道，并经紫外线照射消毒10分钟后方可进入。

（2）车辆、物品管理。限制外部车辆进入场区；车辆进入场区前，必须通过消毒池（消毒药采用2%的氢氧化钠溶液，每3天更换1次），必须由专人对车辆表面彻底消毒后方可进入；所有进入场区的物品必须经熏蒸或喷洒消毒；本场车辆严禁到疫区；除运送饲料、燃煤等大型车辆外（车辆不来自疫区），其他外部车辆严禁进入场区；禁止来自疫区的物品入场。

2. 生产区隔离管理

（1）基本原则。实施蛋鸡生态养殖专业化生产，蛋鸡与雏鸡、育成鸡分开饲养，育雏实施封闭饲养；执行每批次全进全出饲养制度，禁止不同日龄的鸡放在同一栋鸡舍饲养。

（2）生产区的人员管理。生产区谢绝外来人员进入；饲养员进入生产区时，要充分淋浴和消毒，更换消毒的防疫服和鞋帽；饲养员上班期间，不能随意走出生产区，不能在不同生产区（育雏舍、蛋鸡舍）之间串场；转群、淘汰鸡时，人员必须再次洗澡、更衣。

（3）生产区的车辆、物品管理。禁止外部车辆进入生产区；必须进入生产区的车辆（料车等）必须经过消毒池，并彻底喷洒消毒；禁止将与生产无关的物品带入生产区，所有进入生产区的物品必须熏蒸或喷洒消毒。

3. 栋舍隔离管理

（1）人员管理。饲养员要定舍定岗，不得进入其他鸡舍；管理人员巡视鸡群时先进小日龄鸡舍，后进大日龄鸡舍；先进健康鸡舍，后进发病鸡舍；所有人员进入鸡舍，必须脚踏消毒盆，洗手消毒并更换本舍内防疫服；饲养员要经常观察鸡群，发现病死鸡要及时捡出。

（2）卫生与消毒管理。每天最少清粪、打扫地面1次，每周必须擦拭饮水管表面、灯泡、蛋槽1次。定期清扫鸡舍屋顶、墙壁、进风口及排风口风机扇叶等。饮水卫生，水质必须符合《畜禽饮用水水质标准》，每2周用过氧化氢对饮水管浸泡、冲洗消毒1次；饲料要新鲜，少喂勤添，禁止使用霉变、微生物含量超标的饲料。每天带鸡消毒1次，季铵盐类、碘制剂等消毒药交替使用。

（二）消毒

消毒就是运用各种方法或不同消毒剂清除或杀灭饲养环境中各类病原体，切断疾病的传播途径，以防止疾病的发生、蔓延，包括外环境的消毒、工作人员的消毒、空鸡舍的消毒等。

1. 外环境的消毒 环境消毒是鸡场综合防治的第一道消毒工序，也是防止疾病传入鸡舍的第一道防线。

（1）车辆消毒。在鸡场门口应设消毒池，池内放入2%~4%的氢氧化钠溶液，并保持有效浓度，2~3天更换1次。池内药液的深度以车轮轮胎可浸入1/2为宜。运送雏鸡和运送饲料的车辆每次可用3%~5%来苏儿或0.3%~0.5%过氧乙酸溶液喷洒消毒或擦拭。

（2）道路消毒。场区周围的道路每周要打扫1次；场内净道每2周用氢氧化钠等药液喷洒消毒1次；污道每月喷洒消毒1次；鸡舍周围的道路每天清扫1次，并用消毒液喷洒消毒。

（3）场地消毒。场内的垃圾、杂草、鸡粪等废弃物应及时清除，在场外无害处理。堆放过垃圾、鸡粪等的场地，可用0.5%过氧乙酸或氢氧化钠溶液等药液喷洒消毒。

2. 工作人员的消毒 工作人员是将病原带入场区的主要媒

介，因此，进入鸡场的人员必须严格消毒。

（1）除鸡场门口设置消毒池外，在每栋鸡舍门口也应设消毒池，池内盛有0.3%菌毒敌或3%～5%来苏儿消毒液，工作人员进出鸡舍时必须脚踩消毒池消毒。

（2）进入生产区的工作人员应先洗澡，更换消毒好的防疫服、鞋、帽，然后沿净道到达鸡舍。防疫服、鞋、帽每周清洗、消毒1次。防疫服仅限在生产区内使用，不得穿出生产区。

（3）进入鸡舍操作间，先用0.1%来苏儿或0.05%～0.1%百毒杀洗手消毒，再用清水冲洗干净。

（4）所有设备、用具都要定期进行冲洗、消毒，然后方可使用。非生产性器具一律不准带入生产区。

3. 空鸡舍消毒　空鸡舍消毒是为了隔断上下批次鸡群之间病原微生物的传播，为下批次鸡群创造良好的生存环境。

（1）清理冲洗。鸡群全部转出（淘汰）后，应将剩余饲料、鸡粪、杂物等彻底清除干净，将舍内外地面、墙壁、房顶及鸡笼、料盘等的尘土清扫干净。随后用高压水枪按以下顺序冲洗：顶棚、笼架、料槽、粪板、进风口、墙壁、地面、储料间、休息室、操作间、粪沟等。必要时可在水中加去污剂进行刷洗。不能用水冲洗的设备、用具应擦拭干净。

（2）消毒。待鸡舍干燥后用0.5%过氧乙酸溶液等消毒药液喷洒地面、墙壁、设备、用具等，然后用福尔马林或福尔马林加高锰酸钾熏蒸消毒24小时以上，然后通风。空闲10～14天后方可使用。鸡舍闲置时间在1个月以上，使用前7天应重新熏蒸消毒1次。对鸡舍的操作间、走道、门庭等应每天清理干净，并用消毒液喷洒消毒。

第四节　生态蛋鸡场常用饲养设备

一、鸡笼

按鸡笼重叠方式的不同，鸡笼可分为全阶梯式鸡笼、半阶梯式鸡笼和重叠式鸡笼。按用途鸡笼可分为育雏笼、育成鸡笼、蛋鸡笼及种鸡笼。育雏笼一般采用 3~4 层重叠式笼。育成鸡笼一般采用 2~3 层重叠式或半阶梯式笼。蛋鸡笼组合形式常见的有阶梯式、半阶梯式和重叠式。种鸡笼有单层笼和两层人工授精鸡笼。

（一）全阶梯式鸡笼

组装时上下两层笼体完全错开，常见的为 2~3 层。其优点是鸡粪可直接落于粪沟或粪坑，笼底不需设粪板，如为粪坑也可不设清粪系统，结构简单，停电或机械故障时可以人工操作；各层笼敞开面积大，通风与光照面大。缺点是占地面积大，饲养密度低，为 10~12 只/米^2，设备投资较多。目前，我国采用最多的是蛋鸡三层全阶梯式鸡笼和种鸡两层全阶梯式人工授精笼。

（二）半阶梯式鸡笼

上下两层笼体之间有 1/4~1/2 的部位重叠，下层重叠部分有挡粪板，按一定角度安装，粪便清入粪坑。因挡粪板的作用，通风效果比全阶梯式鸡笼差，饲养密度为 15~17 只/米^2。

（三）重叠式鸡笼

上下两层笼体完全重叠，常见的有 3~4 层，高的可达 8 层，饲养密度大大提高。其优点是鸡舍利用率高，生产效率高。饲养密度三层为 16~18 只/米^2，四层为 18~20 只/米^2。缺点是对鸡舍的建筑、通风设备、清粪设备要求较高。此外，不便于观察上层及下层笼的鸡群，给管理带来一定的困难。目前在我国规模化养鸡场多使用该方式。

二、供水设备

一个完备的供水系统包括过滤、减压、消毒和软化装置，饮水器及其附属的管路等，常用的饮水器有以下几种。

（一）槽式饮水器

断面一般为“V”形或“U”形，深度40~48毫米，宽度45~56毫米。一般用镀锌、铁皮或塑料制成。结构简单，成本低，便于饮水免疫，但耗水量大，易受污染，刷洗工作量大。适于笼养方式。

（二）真空饮水器

由聚乙烯塑料筒和水盘组成，筒倒扣在盘上。水由壁上的小孔流入饮水盘，当水将小孔盖住时即停止流出。供水均衡，使用方便，但清洗工作量大，饮水量大时不宜使用。适用于雏鸡笼养和平养鸡。

（三）乳头式饮水器

乳头式饮水器有雏鸡用和成鸡用两种。系用钢或不锈钢制造，由带螺纹的钢（铜）管和顶针开关阀组成，可直接装在水管上，利用重力和毛细管作用控制水滴，使顶针端部经常悬着一滴水。鸡需水时，触动顶针，水即流出；饮毕，顶针开关阀又将水路封住，不再外流。如此反复，既节约用水，并且不需要清洗，经久耐用，又不需要经常更换。但每层鸡笼均需设置减压水箱，不便进行饮水免疫。适用于笼养和平养鸡。

（四）杯式饮水器

饮水器呈杯状，与水管相连，此饮水器采用杠杆原理供水，杯中有水能使触板浮起，由于进水管水压的作用，平时阀帽关闭，当鸡吸触板时，通过联动杆即可顶开阀帽，水流入杯内，借助于水的浮力使触板恢复原位，水不再流出。优点是可根据需要量供水，节约用水。缺点是水杯需要经常清洗，且需配备过滤器和水压调整装置。

三、供料设备

根据饲养方式不同，供料设备可分为人工喂料设备和机械喂料设备。

（一）人工喂料设备

1. 开食盘 适用于雏鸡。其面积大小视雏鸡数量而定，一般为60~80只/个，圆形开食盘直径为350毫米或450毫米。

2. 料槽 平养成鸡应用较多，适用于干粉料、湿料和颗粒料的饲喂，据鸡只大小而制成大、中、小长形食槽。

3. 料桶 料桶是现代养鸡业常用的喂料设备。由塑料制成的料桶、圆形料盘和连接调节机构组成。料桶与料盘之间有短链相接，留一定的空隙。

（二）机械喂料设备

1. 储料塔 储料塔一般在鸡舍的一端或侧面，用1.5毫米厚的镀锌钢板冲压而成，其上部为圆柱形，下部为圆锥形，圆锥与水平面的夹角应大于60°，以利于排料。喂料时，由输料机将饲料送到饲槽。

2. 链板式喂饲机 普遍应用于平养和各种笼养成鸡舍。它由料箱、链环、长饲槽、驱动器、转角轮和饲料清洁器等组成，链环经过饲料箱时将饲料带至食槽各处。

3. 螺旋弹簧式喂料机 广泛应用于平养成鸡舍。电动机通过减速器驱动输料圆管内的螺旋弹簧使其转动，料箱内的饲料被送进输料圆管，再从圆管中的各个落料口掉进圆形食槽。

4. 塞盘式喂饲机 是由一根直径为5~6毫米的钢丝和每隔70~80毫米一个的塞盘组成（塞盘是用钢板或塑料制成的），在经过料箱时将料带出。优点是饲料在封闭的管道内运送，一台喂饲机可同时为 2～3 栋鸡舍供料。缺点是当塞盘或钢索折断时，修复麻烦且安装时技术水平要求高。

5. 行车式喂料车　多用于多层鸡笼和重叠式鸡笼鸡舍。行车式喂料机根据料箱的配置不同，可分为顶料箱式和跨笼料箱式。顶料箱行车式喂料机只有一个料桶，设在鸡笼顶部，料箱容积要满足每次该列鸡笼所有鸡的采食量，料箱底部装有搅龙，当驱动部件工作时，搅龙随之转动，将饲料推送出料箱，沿滑管均匀流放于食槽。跨笼料箱行车式喂料机根据鸡笼形式有不同的配置，但每列食槽上都跨坐一个矩形小料箱，料箱下部呈斜锥状，锥形扁口在食槽中，当驱动部件运转带动跨笼箱沿鸡笼移动时，饲料便沿锥面下滑落放于食槽中，完成喂料作业；根据动力配置不同可分为牵引式和自走式。牵引式的结构特点是，牵引驱动部件安装于行车轨道一端，电机减速器通过驱动轮、钢丝绳牵引着料箱沿轨道运行来完成喂料作业。自走式的结构特点是，牵引驱动部件与顶料箱安装在一起，直接以链轮驱动料箱沿轨道运行，从而完成喂料作业。

四、光照设备

为满足蛋鸡在不同饲养阶段和不同季节的光照需求，必须配备人工光照设备，通过人工控制光照达到鸡群对光照的需求。人工照明设备主要包括白炽灯和荧光灯。

光源一般采用白炽灯，灯安装的高度参照表 2-15，灯与灯之间的距离应为灯与鸡距离的 1.5 倍，灯与墙的水平距离应为灯间距的 1/2；各个灯的安装位置应交错排列，呈梅花状分布，这样安装完成后，该鸡舍内的光照强度就相当于 5～10 勒克斯。

表 2-15　鸡舍内白炽灯安装高度

白炽灯的大小（瓦）	安装高度（有灯罩）（米）	安装高度（无灯罩）（米）
15	1.1~1.6	0.7~1.1
25	1.4~2.1	0.9~1.5
40	2.0~2.6	1.4~1.8
60	2.3~3.3	1.6~2.3

为了节省能源，降低生产成本，舍内光源发展趋势是使用节能灯。也可根据鸡不同阶段对光照颜色的反应，密闭式鸡舍使用单色光照，育成期采用绿色光照，产蛋期采用红色光照。

五、通风设备

通风换气是调节鸡舍空气环境状况最主要、最常用的手段，目的是补充氧气，排出水分和有害气体，并保持适宜温度，使鸡舍内空气流通，保证鸡舍内小环境气候的相对稳定。

（一）通风设备

一般采用大直径、低转速的轴流风机。各种型号的风机有额定通风量，选用风机数量时可根据鸡舍的横截面积、要求的通风速度及风机的额定通风量计算。计算公式为

风机数量（台）= 所需风速（米/分）×鸡舍通风横截面积（米^2）/每台风机通风量（米^3/分）

（二）通风方式

鸡舍通风分自然通风、机械通风和混合通风 3 种。机械通风又分为正压通风、负压通风和零压通风 3 种。根据鸡舍内气体流动的方向，鸡舍通风分为横向通风和纵向通风。

1. 自然通风　依靠自然风的风压作用和鸡舍内外温差的热压作用，形成空气的自然流动，使舍内外的空气得以交换。一般开放式鸡舍采用的是自然通风，空气通过通风带、窗户等进行流

通交换。自然通风较难将鸡舍内的热量和有害气体排出。机械通风则可依靠机械动力，对舍内外空气进行强制交换，一般使用轴流式通风机。吊扇或壁扇只能使鸡舍内的空气进行内循环，不能将热量和有害气体全部排出。

2. 负压通风　负压通风是利用排风机将鸡舍内污浊空气强行排出舍外，在建筑物内造成负压，使新鲜空气从进风口自行进入鸡舍。负压通风投资少，管理比较简单，进入鸡舍的气流速度较慢，鸡体感觉比较舒适，因此广泛应用于密闭鸡舍的通风。

3. 正压通风　正压通风是用风扇将空气强制输入鸡舍，而在出风口做相应调节以便出风量稍小于进风量而使鸡舍内产生微小的正压。空气通常是通过纵向安置在鸡舍的风管送风到鸡舍内的各个点上。

4. 纵向通风　纵向通风是将排风扇全部安装在鸡舍一端的山墙或山墙附近的两侧墙壁上，进风口在另一侧山墙或靠山墙的两侧墙壁上，鸡舍其他部位无门窗或将门窗关闭，空气沿鸡舍的纵轴方向流动。密闭鸡舍为防止透光，在进风口设置遮光罩，在排风口设置弯管或用砖砌遮光洞。进气口风速一般要求夏季2.5~5.0米/秒，冬季1.5米/秒。

5. 横向通风　横向通风的风机和进风口分别均匀布置在鸡舍两侧纵墙上，空气从进风口进入鸡舍后横穿鸡舍，由对侧墙上的排风扇抽出。横向通风方式的鸡舍舍内空气流动不够均匀，气流速度偏低，死角多，因而空气不够清新，故较少使用。

现在应用较多、效果较好的通风方式是负压纵向通风。这种通风方式综合了负压通风和纵向通风两者的优点，故鸡舍内没有通风死角，能够降低舍内温度，并将有害气体排出舍外。

六、降温设备

降温设备主要有湿帘风机降温和喷雾降温。湿帘风机降温系统由纸质波纹多孔湿帘、轴流风机、水循环系统及控制装置组成。湿帘风机降温系统的主要作用是夏季空气通过湿帘进入鸡舍，用以降低进入鸡舍的空气温度，起到降温的效果。在夏季空气经过湿帘进入鸡舍，可降低舍内温度2~5℃。湿帘的大小根据出风口的大小选取，一般湿帘面积为出风口面积的2~3倍。

七、供暖设备

供暖设备可以采用电热、暖气、火炕、煤炉等，电热、暖气比较干净卫生。煤炉加热要注意防止发生煤气中毒事故。火炕加热比较费燃料，但温度较为平稳。

比较先进的是热风炉供暖系统，主要由热风炉、轴流风机、风管和调节风门等设备组成。它是以空气为介质，煤为燃料，可为空间提供无污染的洁净热空气，对鸡舍进行加温。该设备结构简单，热效率高，送热快，成本较低，能自动调节室温。亦可用锅炉热水循环系统加温，自动恒温，但这种设备热效率较低，升温慢。

电热保温伞是一种局部供暖设备，主要用于育雏，雏鸡在伞下、伞外自由活动。保温伞可用铁皮、铝皮或木板、纤维板及钢筋骨架加布料制成，热源可用电热丝或电热板，也可用石油液化器燃烧供热。目前电热保温伞的典型产品是用埋入式陶瓷远红外加热板加热，每个直径2米的伞面可育雏500只，在使用前应将其控温调节与标准温度计校对，以使控温正确。

八、清粪设备

鸡舍内清粪方式有人工清粪和机械清粪两种。机械清粪常用设备有牵引式刮粪机和传送带清粪。

（一）牵引式刮粪机

一般由牵引机、刮粪板、框架、钢丝绳、转向滑轮、钢丝绳转动器等组成。一般在一侧都有储粪沟。它是靠绳索牵引刮粪板将粪便集中，刮粪板在清粪时自动落下，返回时，刮粪板自动抬起。主要用于鸡舍内同一个平面一条或多条粪沟的清粪，相邻粪沟内的刮粪板由钢丝绳相连，可在一个回路中运转，一刮粪板正向运行，另一个则逆向运行。也可楼上楼下联动同时清粪。钢丝绳牵引的刮粪机结构比较简单，维修方便，但钢丝绳易被鸡粪腐蚀而断裂。

（二）传送带清粪

传送带清粪装置由传送带、主动轮、从动轮、托轮等组成。常用于高密度叠层式上下鸡笼间清粪，鸡的粪便可由底网空隙直接落于传送带上，可省去承粪板和粪沟。采用高床式饲养的鸡舍，鸡粪可直接落在深坑中，积粪经一年后再清理，非常省事。传送带的材料要求较高，成本昂贵。如制作和安装符合质量要求，则清粪效果好，否则系统易出现问题，会给日常管理工作带来许多麻烦。

九、消毒设备

消毒设备主要有火焰消毒器、喷雾消毒器和电子消毒器等。

（一）火焰消毒器

火焰消毒器主要用于鸡群淘汰后喷烧舍内笼网和墙壁上的羽毛、鸡粪等残存物，以烧死附着的病原微生物，尤其是羽毛。

（二）喷雾消毒器

喷雾消毒器用于鸡舍内部的大面积消毒，也可作为生产区人员和车辆的消毒设施，一般分为气动喷雾器和电动喷雾器（交流电源型和电池电源型）。

（三）电子消毒器

电子消毒器是将空气高能离子化，利用这些离子吸住空气中的微粒并使其电极化，导致正负离子微粒相互吸引形成大的微粒团，重量不断增加而降落并吸附到附近的物体表面上，使空气中的带病微生物、氨气和其他有机微粒显著减少，以达到消毒的目的。

第三章　生态养殖蛋鸡的饲料加工技术

第一节　蛋鸡营养需要

蛋鸡的生长发育、生产和繁殖以及自身正常的生命活动和健康维持，需要能量、蛋白质、脂肪、矿物质、维生素和水六大类营养物质，缺乏任何一种营养都会产生不良影响，降低鸡的生产能力。

一、蛋鸡营养与饲养特点

（一）体温高、代谢旺、生长快和成熟早

因蛋鸡体温高、代谢旺、生长快和成熟早，所以，一方面是维持生命的养分消耗多；另一方面是单位体重产品率高，饲料转化率高。因此，供给鸡的营养越完全，则饲养效率越高，也越合算。

（二）无牙齿，有肌胃

鸡的肌胃能借助吃进的沙粒磨碎饲料，如无沙粒，饲料消化率则降低25%~30%；鸡消化道短，相当于体长的5~6倍，饲料通过消化道快，一般粉料只需4小时左右。故既要求饲料易消化，又要考虑适宜的饲喂方法和饲料粒度等。例如，鸡对粗纤维的消化差，一般规定日粮中粗纤维含量为2.5%~5%。

（三）蛋鸡营养需要量由体重、产蛋率和气温决定

一般1只中等体重（1.8千克）、产蛋率约70%的蛋用型母鸡，在温暖气候下，每天需要代谢能300～310千卡。如果每千克混合料含代谢能为2.7兆卡，鸡可以根据自身对能量的需要量调节采食量，以维持一个比较稳定的代谢能食入量。在此情况下，实行自由采食的喂法，不致因吃得过多而浪费饲料。反之，如果每千克混合料含代谢能在2.7兆卡以上，自由采食就容易过量，据研究可超过需要量的1/10以上，这不仅浪费饲料，且易肥胖，影响产蛋；再者，高产蛋鸡对蛋白质与氨基酸的不足比较敏感，特别要注重蛋白质质量，一般在必需氨基酸满足需要的条件下，蛋鸡及种鸡混合料中含粗蛋白质15%即可。

（四）气温对蛋鸡采食量有明显影响

气温对蛋鸡采食量有明显的影响，如夏季高温吃得少，采食量可比春、秋两季少15%左右，这时可以根据产蛋情况，提高混合料中的代谢能和蛋白质的含量，否则营养不足。反之，冬季吃得多，则可适当降低能量和蛋白质含量，也就是说，饲料可以粗一些。

（五）蛋鸡育成期的饲养和营养是培育高产蛋鸡群的关键阶段

蛋鸡育成期要防止过肥或过瘦，应控制营养水平和采食量，使之达到符合品种要求的体重和适龄性成熟。

（六）高产母鸡对钙的营养供给有特殊要求

由于高产母鸡需钙多，而粉料通过消化道快，蛋壳多在夜间形成，常因此而缺钙。这一点，可以通过搭配使用在消化道停留时间较长的贝壳碎粒或粒状料，或晚间多给钙质料等方法，加以改进和补救。

二、蛋鸡营养需要标准

1. 生长蛋鸡的营养需要　见表3-1。

表 3-1　生长蛋鸡的营养需要

营养指标	单位	0~8 周龄	9~18 周龄	19 周龄至开产
代谢能 ME	兆焦/千克	11.91	11.70	11.50
	(兆卡/千克)	(2.85)	(2.80)	(2.75)
粗蛋白质 CP	%	19.0	15.5	17.0
蛋白能量比 CP/ME	克/兆焦	15.95	13.25	14.78
	(克/兆卡)	(66.67)	(55.30)	(61.82)
赖氨酸能量比 Lys/ME	克/兆焦	0.84	0.58	0.61
	(克/兆卡)	(3.51)	(2.43)	(2.55)
赖氨酸 Lys	%	1.00	0.68	0.70
蛋氨酸 Met	%	0.37	0.27	0.34
蛋氨酸+胱氨酸 Met+Cys	%	0.74	0.55	0.64
苏氨酸 Thr	%	0.66	0.55	0.62
色氨酸 Trp	%	0.20	0.18	0.19
精氨酸 Arg	%	1.18	0.98	1.02
亮氨酸 Leu	%	1.27	1.01	1.07
异亮氨酸 Ile	%	0.71	0.59	0.60
苯丙氨酸 Phe	%	0.64	0.53	0.54
苯丙氨酸+酪氨酸 Phe+Tyr	%	1.18	0.98	1.00
组氨酸 His	%	0.31	0.26	0.27
脯氨酸 Pro	%	0.50	0.34	0.44
缬氨酸 Val	%	0.73	0.60	0.62
甘氨酸+丝氨酸 Gly+Ser	%	0.82	0.68	0.71
钙 Ca	%	0.90	0.80	2.00
总磷 P	%	0.70	0.60	0.55
非植酸磷 P	%	0.40	0.35	0.32
钠 Na	%	0.15	0.15	0.15

续表

营养指标	单位	0~8 周龄	9~18 周龄	19 周龄至开产
氯 Cl	%	0.15	0.15	0.15
铁 Fe	毫克/千克	80	60	60
铜 Cu	毫克/千克	8	6	8
锌 Zn	毫克/千克	60	40	60
锰 Mn	毫克/千克	60	40	60
碘 I	毫克/千克	0.35	0.35	0.35
硒 Se	毫克/千克	0.30	0.30	0.30
亚油酸	%	1	1	1
维生素 A	国际单位/千克	4 000	4 000	4 000
维生素 D	国际单位/千克	800	800	800
维生素 E	国际单位/千克	10	8	8
维生素 K	毫克/千克	0.5	0.5	0.5
硫铵素	毫克/千克	1.8	1.3	1.3
核黄素	毫克/千克	3.6	1.8	2.2
泛酸	毫克/千克	10	10	10
烟酸	毫克/千克	30	11	11
吡哆醇	毫克/千克	3	3	3
生物素	毫克/千克	0.15	0.10	0.10
叶酸	毫克/千克	0.55	0.20	0.25
维生素 B_{12}	毫克/千克	0.010	0.003	0.004
胆碱	毫克/千克	1 300	900	500

注：根据中型体重鸡制定，轻型鸡可酌减 10%；开产日龄按 5%产蛋率计算。

2. 产蛋鸡的营养需要　见表 3-2。

表 3-2　产蛋鸡的营养需要

营养指标	单位	开产至高峰期（>85%）	高峰后（<85%）	种鸡
代谢能 ME	兆焦/千克 （兆卡/千克）	11.2 （2.70）	10.87 （2.65）	11.29 （2.70）
粗蛋白质 CP	%	16.5	15.5	18.0
蛋白能量比 CP/ME	克/兆焦 （克/兆卡）	14.61 （61.11）	14.26 （58.49）	15.94 （66.61）
赖氨酸能量比 Lys/ME	克/兆焦 （克/兆卡）	0.64 （2.67）	0.61 （2.54）	0.63 （2.63）
赖氨酸 Lys	%	0.75	0.70	0.75
蛋氨酸 Met	%	0.34	0.32	0.34
蛋氨酸+胱氨酸 Met+kCys	%	0.65	0.56	0.65
苏氨酸 Thr	%	0.55	0.50	0.55
色氨酸 Trp	%	0.16	0.15	0.16
精氨酸 Arg	%	0.76	0.69	0.76
亮氨酸 Leu	%	1.02	0.98	1.02
异亮氨酸 Ile	%	0.72	0.66	0.72
苯丙氨酸 Phe	%	0.58	0.52	0.58
苯丙氨酸+酪氨酸 Phe+Tyr	%	1.08	1.06	1.08
组氨酸 His	%	0.25	0.23	0.25
缬氨酸	%	0.59	0.54	0.59
甘氨酸+丝氨酸	%	0.57	0.48	0.57
可利用赖氨酸	%	0.66	0.60	—
可利用蛋氨酸	%	0.32	0.30	—

续表

营养指标	单位	开产至高峰期（>85%）	高峰后（<85%）	种鸡
钙 Ca	%	3.5	3.5	3.5
总磷 P	%	0.60	0.60	0.60
非植酸磷 P	%	0.32	0.32	0.32
钠 Na	%	0.15	0.15	0.15
氯 Cl	%	0.15	0.15	0.15
铁 Fe	毫克/千克	60	60	60
铜 Cu	毫克/千克	8	8	6
锰 Mn	毫克/千克	60	60	60
锌 Zn	毫克/千克	80	80	60
碘 I	毫克/千克	0.35	0.35	0.35
硒 Se	毫克/千克	0.30	0.30	0.30
亚油酸	%	1	1	1
维生素 A	国际单位/千克	8 000	8 000	10 000
维生素 D	国际单位/千克	1 600	1 600	2 000
维生素 E	国际单位/千克	5	5	10
维生素 K	毫克/千克	0.5	0.5	1.0
硫铵素	毫克/千克	0.8	0.8	0.8
核黄素	毫克/千克	2.5	2.5	3.8
泛酸	毫克/千克	2.2	2.2	10
烟酸	毫克/千克	20	20	30
吡哆醇	毫克/千克	3.0	3.0	4.5
生物素	毫克/千克	0.10	0.10	0.15
叶酸	毫克/千克	0.25	0.25	0.35
维生素 B_{12}	毫克/千克	0.004	0.004	0.004
胆碱	毫克/千克	500	500	500

第二节　饲料原料的分类

根据国际饲料命名及分类原则，按饲料营养特性，可分为青绿饲料、粗饲料、青贮饲料、能量饲料、蛋白质饲料、矿物质饲料、维生素饲料及添加剂等八大类。

一、青绿饲料

天然水分含量为60%及以上的青绿饲料、树叶类及非淀粉质的块根块茎、瓜果类，不考虑其折干后的粗蛋白质及纤维含量。

二、粗饲料

粗饲料是指干草类（包括牧草）、农副产品类（包括荚、壳、藤、蔓、秸、秧）及绝干物中粗纤维含量为18%及以上的糟渣类、树叶类和添加剂及其他类饲料。糟渣类中水分含量凡不属于天然水分者应区别于青绿饲料。

三、青贮饲料

青贮饲料是指用新鲜的天然植物性饲料调制成的青贮及加有适量糠麸或其他添加物的青贮饲料，包括水分含量在45%以上（包括45%）的低水分青贮（半干青贮）。

四、能量饲料

能量饲料是指干物质中粗纤维含量低于18%，同时粗蛋白含量低于20%的谷实类、糠麸类、草籽树实类、淀粉质的块根块茎、瓜果类及其他类。特点是碳水化合物尤其淀粉含量丰富，蛋白质含量低，仅为8.3%~13.5%，且维生素缺乏或含量不足。能量饲料占日粮总量的50%~80%。

五、蛋白质饲料

蛋白质饲料是指干物质中粗纤维含量低于18%，同时粗蛋白含量大于或等于20%的豆类、油饼类、动物性饲料及其他类。可分为植物性蛋白质饲料、动物性蛋白质饲料、单细胞蛋白质饲料。需要强调的是，生态养殖蛋鸡生产过程中，不准使用动物性蛋白饲料。

六、矿物质饲料

矿物质饲料包括人工合成的或天然单一矿物质的饲料，多种矿物质混合的饲料，以及配合有载体或赋形剂的恒量、微量、常量元素的饲料。

七、维生素饲料

维生素饲料是指工业合成或提纯的单一维生素或复合维生素，但不包括某些维生素含量较多的天然饲料。

八、添加剂

添加剂是指不包括矿物质饲料和维生素饲料在内的所有的添加剂，如防腐剂、着色剂、调味剂、抗氧化剂、各种药剂（如抗生素、激素、杀虫剂、抗寄生虫剂等）、生长促进剂、营养性添加剂（如氨基酸、脂肪酸等）。生态养殖蛋鸡生产过程中，不准使用生长促进剂。

第三节　生态养殖蛋鸡常用饲料的营养特性

蛋鸡饲料原料根据营养特性可分为能量饲料、蛋白质饲料、矿物质饲料和饲料添加剂四大类。

一、能量饲料

凡干物质中粗纤维含量为18%以下，粗蛋白含量在20%以下，每千克消化能在10.46兆焦以上的饲料均属于能量饲料。

（一）谷物籽实类饲料

谷物籽实类饲料占全价配合饲料和精料混合料的配比最高。其特点是淀粉含量高，干物质消化率高（为70%~90%），无氮浸出物含量高（达70%~80%），粗纤维含量少（为3%~8%），粗脂肪少（2%~5%）。

1. 玉米　玉米是鸡配合饲料中的主要用料，在日粮中占50%~70%。玉米的营养成分及有效能含量见表3-3。其营养特性为：

（1）含无氮浸出物高达72%以上，主要是易消化的淀粉，其消化率高达90%以上，粗纤维含量少，仅有2%左右。

（2）玉米粗脂肪含量高达3.5%~4.5%，主要是油酸和亚油酸等不饱和脂肪酸。玉米的亚油酸含量高达2%，为谷类饲料之首。

（3）玉米粗蛋白质含量低，为7.0%~9.0%，因赖氨酸、色氨酸、蛋氨酸、胱氨酸较缺，故品质低。

（4）每千克黄玉米含1毫克左右的β-胡萝卜素及22毫克叶黄素，维生素B_1和维生素E亦较多，维生素D、维生素B_2、泛酸、烟酸等较少。

（5）钙少磷多，钙磷不平衡，含钙仅0.02%左右，含磷约0.25%，其中植酸磷占50%~60%；铁、铜、锰、锌、硒等微量元素含量较低。

（6）玉米中的叶黄素、玉米黄质对鸡蛋蛋黄、皮肤、脚趾及喙的着色有重要作用。

表 3-3　玉米的营养成分及有效能含量（%）

成分	干物质	粗蛋白质	粗脂肪	粗纤维	粗灰分	钙	磷	鸡代谢能（兆焦/千克）
含量	87.0	8.8	4	2.0	1.0	0.02	0.25	13.72

2. 高粱　去皮高粱代谢能含量约 12.3 兆焦/千克，蛋白质的含量为 8%～16%；精氨酸、蛋氨酸、赖氨酸的含量略低于玉米，色氨酸和苏氨酸的含量略高于玉米。高粱的鸡用代谢能为 12.29 兆焦/千克。高粱中钙多、磷多，B 族维生素与玉米相似，烟酸含量高但利用率低。高粱中不含叶黄素，胡萝卜素的含量也很少，饲喂过多时容易使鸡的皮肤和爪的颜色变浅，饲喂时应注意维生素 A 的补充。日粮中添加一般不易超过 15%。高粱的营养成分及有效能含量见表 3-4。

表 3-4　高粱的营养成分及有效能含量（%）

成分	干物质	粗蛋白质	粗脂肪	粗纤维	粗灰分	钙	磷	代谢能(鸡)(兆焦/千克)
含量	86.0	9.0	3.4	1.4	1.8	0.13	0.36	12.30

3. 大麦　大麦有带壳（皮大麦）和不带壳两种。大麦适口性好，钙、铜含量较低，含铁较多，带壳的大麦代谢能约为 11.30 兆焦/千克，不带壳的大麦代谢能约为 11.21 兆焦/千克。粗纤维含量为 5%左右，蛋白质含量约为 71%，赖氨酸、色氨酸和异亮氨酸含量均比玉米高。大麦的亚油酸和维生素含量均偏低。大麦中含有难以消化的 β-葡聚糖和戊聚糖，喂量过多容易引起蛋鸡粪便黏稠。添加量一般为 10%左右。大麦的营养成分及有效能含量见表 3-5。

表 3-5　大麦的营养成分及有效能含量（%）

成分	干物质	粗蛋白质	粗脂肪	粗纤维	粗灰分	钙	磷	代谢能(鸡)(兆焦/千克)
皮大麦	87.0	11.0	4.8	2.4	0.09	0.13	0.33	11.30
大麦	87.0	13.0	2.1	2.0	2.2	0.04	0.39	11.21

4. 小麦　小麦含B族维生素和维生素E较多，而维生素A、维生素D、维生素C极少，小麦的亚油酸含量一般为0.8%。在矿物质微量元素中，锰、锌含量较高，但钙、铜、硒等元素含量较低。添加量为15%~20%。小麦的营养成分及有效能含量见表3-6。

表3-6　小麦的营养成分及有效能含量（%）

成分	干物质	粗蛋白质	粗脂肪	粗纤维	粗灰分	钙	磷	代谢能(鸡)(兆焦/千克)
小麦	87.0	13.9	1.7	1.9	1.9	0.17	0.41	12.72

5. 稻谷和糙米　我国南方一些玉米供应不足的地区常用稻谷、糙米、碎米和陈大米作饲料。

稻谷的代谢能值低，仅10.5~10.9兆焦/千克。稻谷脱壳为糙米，糙米的代谢能约为14兆焦/千克。稻谷、糙米的营养成分及有效能含量见表3-7。

表3-7　稻谷、糙米的营养成分及有效能含量（%）

成分	干物质	粗蛋白质	粗脂肪	粗纤维	粗灰分	钙	磷	代谢能(鸡)(兆焦/千克)
稻谷	86.0	7.8	1.6	8.2	4.6	0.03	0.36	11.00
糙米	87.0	8.8	2.0	0.7	1.3	0.3	0.35	14.06

（二）糠麸类饲料

1. 米糠和脱脂米糠　米糠代谢能水平为11.3兆焦/千克，粗纤维含量为9%左右；粗蛋白为13%左右。蛋白质的品质较高，赖氨酸和蛋氨酸近似于玉米的1倍。粗脂肪含量为15%，米糠粗脂肪中含不饱和脂肪酸较多，长期储藏容易氧化酸败、霉变，所以尽可能喂新鲜米糠。酸败霉变的米糠可使动物中毒，导致严重下痢，甚至死亡。米糠富含B族维生素和维生素E，但维生素A、维生素C较少，含锰、磷较高，但所含磷约86%为植酸磷，其利用率差。米糠含抗胰蛋白酶，加热即可除去，否则用量多时可影响蛋白质消化。新鲜米糠适口性好，其饲养价值相当于玉米的90%，可作为鸡的能量饲料，在生长鸡和产蛋鸡的日粮中可搭配5%~25%。米糠等的营养成分及有效能含量见表3-8。

表3-8 米糠和米糠饼、粕及脱脂米糠的营养成分及有效能含量（%）

成分	干物质	粗蛋白质	粗脂肪	粗纤维	粗灰分	钙	磷
米糠	87.0	12.8	16.5	5.7	7.5	0.07	1.43
米糠饼	87.0	14.7	9.0	7.4	8.7	0.14	1.69
米糠粕	87.0	15.1	2.0	7.5	8.8	0.15	1.82
脱脂米糠	87.0	14.5	1.0	13.0	15.0	0.10	1.40

2. 麦麸 麦麸是小麦磨面加工制粉后的副产品。麦麸适口性好，吸水性强。麦麸含纤维8.5%~12%，代谢能为7.1兆焦/千克。麦麸的粗蛋白含量可达12%~17%，其中赖氨酸等必需氨基酸含量较高，蛋氨酸较缺乏。麦麸富含B族维生素，但缺乏维生素B_{12}。麦麸的含水量在12%以下的较好。一般雏鸡和产蛋鸡日粮中麦麸用量为5%~8%，生长鸡为15%~25%。麦麸的营养成分及有效能含量见表3-9。

表3-9 麦麸的营养成分及有效能含量（%）

成分	干物质	粗蛋白质	粗脂肪	粗纤维	粗灰分	钙	磷	代谢能(鸡)(兆焦/千克)
麦麸	87.0	15.7	3.9	6.5	4.9	0.11	0.92	6.82

（三）油脂类

脂肪分为植物性脂肪和动物性脂肪。生态养殖蛋鸡不要使用动物性脂肪。植物性脂肪的代谢能为24.27~40.42兆焦/千克，动物性脂肪的代谢能为39.16兆焦/千克。配合饲料中添加油脂的主要目的是提高饲粮的能量水平，添加量一般为1%~5%。作饲料用的油脂，必须添加抗氧化剂。因为油脂很容易氧化、酸败（苦化），油脂氧化后会破坏脂溶性维生素和胡萝卜素等。

二、蛋白质饲料

蛋白质饲料是指干物质中粗蛋白含量大于或等于20%、粗纤维含量小于18%的饲料。可分为植物性蛋白质饲料和动物性蛋白质饲料两大类，但生态养殖蛋鸡不允许使用动物性蛋白质饲料。

植物性蛋白质饲料包括豆科籽实、饼粕类和其他植物性蛋白质饲料。常见的有豆饼（粕）、菜籽饼（粕）、棉籽饼（粕）、花生饼（粕）等。豆饼（粕）是豆科籽实和油料籽实提油后的副产品，压榨提油后的块状副产品称作饼，溶剂浸提法出油后的碎片状副产品称作粕。

1. 大豆饼（粕）　大豆饼（粕）是目前主要的蛋白质饲料来源，粗蛋白质含量高，一般为40%~50%。赖氨酸含量高，约为2.5%。赖氨酸与精氨酸之比约为100∶130，比例较为适当。异亮氨酸含量约为1.8%，且异亮氨酸与缬氨酸比例最好。但蛋氨酸含量偏低，通常需要补充蛋氨酸。粗纤维含量低，为5%~6%。豆饼（粕）中钙少磷多，硒含量低。豆饼（粕）中维生素B_2的含量较少，生产中应注意合理补充。若与玉米、鱼粉配制日粮，很适合蛋鸡氨基酸营养需求。豆粕、豆饼的主要养分含量见表3-10。

表3-10　豆粕、豆饼的主要养分含量

营养成分	豆饼	豆粕（带皮）	豆粕（去皮）
代谢能（兆焦/千克）	11.5	10.29	13.39
粗蛋白（%）	43	47.2	49.7
粗纤维（%）	5.7	5.4	3.4
粗脂肪（%）	5.4	1.1	0.9
粗灰分（%）	5.9	6.1	5.8
钙（%）	0.32	0.32	0.26
磷（%）	0.5	0.62	0.63

生豆饼和生豆粕中含有胰蛋白酶抑制因子、细胞凝集素、皂角苷和尿素酶等抗营养因子，会影响蛋白质的利用，可以通过加热处理来破坏这些有害物质，但加热不当也会对蛋白质产生热损

害，影响氨基酸的吸收和利用。正常的豆饼（粕）颜色一般为淡黄色至黄褐色，颜色太深，说明加热过度；颜色太浅，说明加热不足。大豆饼色泽好，风味佳，营养成分变异小，品质稳定，使用时无用量限制。

2. 菜籽饼（粕） 油菜籽榨（浸）油后所得副产品为菜籽饼（粕）。粗蛋白含量在33%~39%，蛋白质的消化率也较低；粗纤维含量为12%。鸡的代谢能为7.11~8.37兆焦/千克。菜籽饼（粕）中，赖氨酸含量为1.30%~1.33%，色氨酸含量为0.42%~0.43%，蛋氨酸含量为0.6%~0.8%。菜籽饼（粕）中钙、磷含量比例合适，磷的含量比其他饼粕类高，但是可利用有效磷的含量不高。菜籽饼中所含B族维生素除泛酸外，其他均高于豆饼。

菜籽饼（粕）作为饲料时需经过去毒处理，因为含有硫葡萄糖苷在芥子酶作用下，可分解为有毒物质，危害动物的甲状腺和肝脏，实际使用时应限量饲喂，一般占日粮5%~8%为宜。菜籽饼（粕）的营养成分及营养价值见表3-11。

表3-11 菜籽饼（粕）的营养成分及营养价值

名称	菜籽饼	菜籽粕	名称	菜籽饼	菜籽粕
干物质（%）	88.0	88.0	蛋氨酸（%）	0.60	0.63
粗蛋白质（%）	35.7	38.6	胱氨酸（%）	0.82	0.87
粗脂肪（%）	7.4	1.4	苏氨酸（%）	1.40	1.49
粗纤维（%）	11.4	11.8	异亮氨酸（%）	1.24	1.29
无氮浸出物（%）	26.3	28.9	亮氨酸（%）	2.26	2.34
粗灰分（%）	7.2	7.3	精氨酸（%）	1.82	1.83
钙（%）	0.59	0.65	缬氨酸（%）	1.62	1.74
磷（%）	0.96	1.02	组氨酸（%）	0.83	0.86
非植酸磷（%）	0.33	0.35	酪氨酸（%）	0.92	0.97
代谢能（兆焦/千克）	8.16	7.41	色氨酸（%）	0.42	0.43
赖氨酸（%）	1.33	1.30	苯丙氨酸（%）	1.35	1.45

3. 棉籽饼（粕） 棉籽饼（粕）是棉籽经脱壳后提取棉籽油的副产品，是一种重要的蛋白质饲料来源。粗蛋白含量为32%~40%，产量仅次于豆饼，粗纤维含量为11%~20%。精氨酸含量高于豆饼，赖氨酸含量（1.34%）只有豆饼（粕）的1/2，蛋氨酸（0.38%）含量较低，为菜籽饼（粕）的一半。鸡的代谢能为7.11~9.2兆焦/千克。

棉籽饼（粕）中存在游离棉酚，会影响动物的造血功能，造成贫血，使生长受阻，同时还影响生殖机能。蛋鸡日粮中用量一般不超过8%。棉籽饼（粕）的营养成分及营养价值见表3-12。

表3-12 棉籽饼（粕）的营养成分及营养价值

名称	棉籽饼	棉籽粕	名称	棉籽饼	棉籽粕
干物质（%）	90.0	88.0	蛋氨酸（%）	0.41	0.58
粗蛋白质（%）	36.3	38.6	胱氨酸（%）	0.70	0.68
粗脂肪（%）	7.4	1.4	苏氨酸（%）	1.14	1.25
粗纤维（%）	12.5	11.8	异亮氨酸（%）	1.16	1.29
无氮浸出物（%）	26.1	28.9	亮氨酸（%）	2.07	2.47
粗灰分（%）	5.7	7.3	精氨酸（%）	3.94	4.65
钙（%）	0.21	0.65	缬氨酸（%）	1.51	1.91
磷（%）	0.83	1.02	组氨酸（%）	0.90	1.19
非植酸磷（%）	0.28	0.35	酪氨酸（%）	0.95	1.05
代谢能（兆焦/千克）	9.04	8.49	色氨酸（%）	0.39	0.51
赖氨酸（%）	1.40	1.97	苯丙氨酸（%）	1.88	1.28

4. 花生饼（粕） 花生饼（粕）是花生去壳后的花生仁经榨（浸）油后的产品，营养价值仅次于豆饼（粕），蛋白质和能量都较高。粗蛋白含量在38%~48%，粗纤维含量在4%~7%，鸡的代谢能可达12.54兆焦/千克。花生饼（粕）的氨基酸组成与比例较差，赖氨酸和蛋氨酸含量较低，分别为1.35%和0.39%；氨基酸的利用率较棉籽饼（粕）、菜籽饼（粕）高，其中氨基酸的利用率为87%~91%，蛋氨酸利用率为84%。

花生饼（粕）贮存不善极易感染黄曲霉，其产生的黄曲霉毒素可造成肝脏严重损害，同时还是一种致癌物质。所以雏鸡最好不要使用，其他阶段的鸡用量也应控制在10%以下。花生饼（粕）的营养成分及营养价值见表3-13。

表3-13　花生饼（粕）的营养成分及营养价值

名称	花生饼	花生粕	名称	花生饼	花生粕
干物质（%）	88.0	88.0	蛋氨酸（%）	0.39	0.41
粗蛋白质（%）	44.7	38.6	胱氨酸（%）	0.38	0.40
粗脂肪（%）	7.2	1.4	苏氨酸（%）	1.05	1.11
粗纤维（%）	5.9	11.8	异亮氨酸（%）	1.18	1.25
无氮浸出物（%）	25.1	28.9	亮氨酸（%）	2.36	2.50
粗灰分（%）	5.1	7.3	精氨酸（%）	4.60	4.88
钙（%）	0.25	0.65	缬氨酸（%）	1.28	1.36
磷（%）	0.53	1.02	组氨酸（%）	0.83	0.88
非植酸磷（%）	0.31	0.35	酪氨酸（%）	1.31	1.39
代谢能（兆焦/千克）	11.63	8.49	色氨酸（%）	0.42	0.45
赖氨酸（%）	1.32	1.40	苯丙氨酸（%）	1.81	1.92

5. 葵花仁饼（粕）　葵花仁经榨（浸）油后的产品为葵花仁饼（粕）。脱壳后的葵花仁饼（粕）中粗蛋白含量为40%~50%，粗纤维含量在10%以下。钙、磷和B族维生素尤其是硫胺素、核黄素、烟酸含量比豆饼（粕）丰富，且不含抑制家禽生长发育的有毒物质。脱壳的葵花仁饼（粕）日粮中添加量一般控制在20%以下。但因目前我国葵花籽榨油大部分采用整粒加工，因而葵花仁饼（粕）大部分都是带壳的，粗蛋白含量为22%~30%，粗纤维含量高达23%~33%，影响其营养成分的利用，所以鸡的配合饲料中很少使用。葵花仁饼的营养成分及营养价值见表3-14。

表 3-14 葵花仁饼（带部分壳）的营养成分及营养价值

名称	含量	名称	含量
干物质（%）	88.0	蛋氨酸（%）	0.59
粗蛋白质（%）	29.0	胱氨酸（%）	0.43
粗脂肪（%）	2.9	苏氨酸（%）	0.98
粗纤维（%）	20.4	异亮氨酸（%）	1.19
无氮浸出物（%）	31.0	亮氨酸（%）	1.76
粗灰分（%）	4.7	精氨酸（%）	2.44
钙（%）	0.24	缬氨酸（%）	1.35
磷（%）	0.87	组氨酸（%）	0.62
非植酸磷（%）	0.13	酪氨酸（%）	0.77
代谢能（兆焦/千克）	6.65	色氨酸（%）	0.28
赖氨酸（%）	0.96	苯丙氨酸（%）	1.21

6. 芝麻饼（粕） 芝麻饼（粕）是最安全的饼粕类饲料。芝麻饼（粕）中蛋白质含量为40%~46%；赖氨酸含量较低，约为0.9%；蛋氨酸含量为0.9%，比其他饼粕类饲料高出约1倍；精氨酸和亮氨酸的含量也较高。芝麻饼（粕）的粗纤维含量为6.9%，代谢能为9.2兆焦/千克。

芝麻饼（粕）中植酸含量较高，对饲料中其他元素如钙、锌、镁等的利用有影响，易造成家禽软脚症。所以，在饲料中应控制其用量，一般在雏鸡日粮中其用量不超过10%，成年鸡日粮中应控制在20%以内。芝麻饼（粕）的营养成分及营养价值见表3-15。

表 3-15 芝麻饼（粕）的营养成分及营养价值

名称	含量	名称	含量
干物质（%）	92.0	蛋氨酸（%）	0.82
粗蛋白质（%）	39.2	胱氨酸（%）	0.75
粗脂肪（%）	10.3	苏氨酸（%）	1.29
粗纤维（%）	7.2	异亮氨酸（%）	1.42

续表

名称	含量	名称	含量
无氮浸出物（%）	24.9	亮氨酸（%）	2.52
粗灰分（%）	10.4	精氨酸（%）	2.38
钙（%）	2.24	缬氨酸（%）	1.84
磷（%）	1.19	组氨酸（%）	0.81
非植酸磷（%）	0.22	酪氨酸（%）	1.02
代谢能（兆焦/千克）	8.95	苯丙氨酸（%）	1.68
赖氨酸（%）	0.82	色氨酸（%）	0.49

7. 玉米蛋白粉 玉米蛋白粉是生产玉米淀粉和玉米油的主要副产物，也称为玉米面筋粉。蛋白含量为40%~70%，蛋氨酸、精氨酸含量高，赖氨酸和色氨酸含量严重不足，矿物质含量少，铁较多，钙、磷较低。玉米蛋白粉的常规营养成分见表3-16。

表3-16 玉米蛋白粉的常规营养成分

成分	玉米蛋白粉（CP>60%）		玉米蛋白粉（CP>41%）		玉米麸料	
	期待值	范围	期待值	范围	期待值	范围
水分（%）	10.0	9.0~12.0	10.0	9.0~12.0	11.0	10.0~12.0
粗蛋白质（%）	61.0	60.0~70.0	42.0	41.0~45.0	22.0	20.0~25.0
粗脂肪（%）	3.5	1.0~5.0	2.0	1.0~3.5	2.0	1.0~4.0
粗纤维（%）	1.0	0.5~2.5	4.5	3.0~6.0	9.0	7.0~10.0
粗灰分（%）	2.1	0.5~3.7	3.5	2.0~4.0	7.0	5.5~7.5
钙（%）	—	—	0.1	0.1~0.3	0.4	0.2~0.6
磷（%）	—	—	0.4	0.25~0.7	0.7	0.5~1.0
叶黄素（毫克/千克）	250	150~350	150	100~200	—	—

三、矿物质饲料

矿物质饲料包括人工合成矿物质的、天然单一矿物质的和多种矿物质混合的饲料，以及配合饲料在载体中的微量、常量元素补充料。

（一）钙源饲料

钙源饲料包括贝壳粉、石灰石粉、蛋壳粉、石膏及碳酸钙类等。

1. 石灰石粉　又称石粉，主要成分是碳酸钙，含钙33%～38%、含镁0.2%～0.4%、含钾0.1%～0.3%、含钠0.1%～0.3%，含锰200～1 000毫克/千克、锌20～40毫克/千克，是补充钙的最廉价、最方便的矿物质原料。天然的石灰石中，只要铅、汞、砷、氟的含量不超过安全系数，都可用作饲料。

2. 贝壳粉　是各种贝类外壳（蚌壳、牡蛎壳、蛤蜊壳、螺蛳壳等）经加工粉碎而成的粉状或颗粒状产品，主要成分为碳酸钙，含钙量不可低于35%。优质的片状贝壳粉杂质少，含钙高，用于蛋鸡或种鸡的饲料中，可提高蛋壳的强度，减少破蛋、软蛋。

3. 蛋壳粉　是由禽蛋加工厂及孵化厂废弃物，包括蛋壳、蛋膜，经干燥灭菌、粉碎而得。蛋壳干燥温度应超过82℃，以消除传染病源，是理想的钙源饲料，利用率高，用于蛋鸡、种鸡饲料中以增加蛋壳硬度。

此外，石膏、大理石、熟石灰、石灰水等均可作为补钙饲料。钙源饲料很便宜，但不能用量过多，否则使钙和磷的消化、吸收和代谢都受到影响，影响钙磷平衡。微量元素预混料常常使用石灰石粉或贝壳粉作为稀释剂或载体，使用量较大时，配料应注意把其含钙量计算在内。

（二）磷源饲料

富含磷的矿物质饲料有磷酸钙类、磷酸钠类、骨粉及磷矿石等。骨粉是以动物骨骼为原料经脱脂、脱胶、干燥、粉碎加工而成。营养成分含量因加工方法的不同而变化，一般以蒸制的骨粉质量最好，钙、磷含量可分别达到30%和14.5%，是钙、磷的良好来源。

磷酸盐作为鸡的磷源饲料使用也非常普遍，但在使用时应注意其中氟的含量，应低于0.2%，否则容易引起鸡中毒。表3-17给出了几种钙磷饲料的钙磷含量，可供参考。

表 3-17　几种钙磷饲料的钙磷含量（%）

饲料	钙	磷	饲料	钙	磷
煮骨粉	24.53	10.95	磷酸氢钙（商业用）	24.32	18.97
煮骨粉（脱脂）	25.40	11.65	磷酸氢钙（化学纯）	29.46	22.79
蒸汽处理骨粉	30.71	12.86	过磷酸钙	17.12	26.45
蒸汽骨粉（脱脂）	33.59	14.88	磷酸氢钠	—	25.80
骨质沉淀磷酸钙	28.77	11.35	磷酸氢二钠	—	21.81

（三）食盐

食盐是钠和氯的来源。除了具有维持体液渗透压和酸碱平衡的作用外，还可刺激唾液分泌，提高饲料适口性，增强食欲。日粮中食盐用量一般为 0.25%~0.40%。

四、饲料添加剂

饲料添加剂是基础日粮的添加成分，其功能是完善饲料的营养性，提高饲料效率，促进生长和预防疾病，减少贮存期间的营养损失及改善产品品质。

（一）饲料添加剂的分类

饲料添加剂是指为了某种目的而以微小剂量添加到饲料中的物质。按其作用分类如图 3-1 所示。

- 饲料添加剂
  - 营养性添加剂
    - 维生素添加剂：维生素A、维生素D_3、维生素 E、维生素 K、维生素B_1、维生素B_2、维生素B_6、维生素B_{12}、烟酸、叶酸、生物素等
    - 微量元素添加剂：铁、铜、锰、锌、硒、碘、钴、钼等
    - 氨基酸添加剂：赖氨酸、蛋氨酸等
  - 非营养性添加剂
    - 生长促进剂：抗生素、激素、酶制剂、有机酸、微生物制剂等
    - 驱虫保健剂：驱蠕虫剂、抗球虫剂
    - 饲料调质剂：着色剂、风味剂
    - 饲料调制剂：黏结剂、乳化剂
    - 饲料贮藏剂：抗氧化剂、防霉剂
    - 中草药添加剂

图 3-1　饲料添加剂按作用分类示意

（二）维生素的作用及鸡的需要量

维生素的作用、缺乏症状及来源见表 3-18。每千克日粮中鸡的维生素需要量见表 3-19。

表 3-18　维生素的作用、缺乏症状及来源

维生素	作用	缺乏症状	来源	备注
维生素 A	①加强上皮组织和黏膜的形成 ②维持上皮细胞和神经细胞的正常功能 ③保护视觉正常 ④抗病和助长	①初生雏鸡出现眼炎和失明 ②2 周龄内存在发育迟缓 ③3 周龄时体质衰弱，共济失调，羽毛蓬乱。继续缺乏，眼、鼻发炎，眼睑肿胀，眼、鼻分泌异物 ④成年鸡出现消瘦衰弱，羽毛松乱，也有雏鸡的类似症状。产蛋率降低，孵化率降低	鱼肝油、植物的青绿叶子、水果外皮、草粉，以及一切富含胡萝卜素的植物	发现症状按 4 倍于常量的剂量补给。患蛔虫病的鸡应先驱虫。现配现用
维生素 D	①参与骨骼、蛋壳形成的钙磷代谢 ②促进肠胃对钙磷的吸收	①雏鸡生长不良，羽毛松散，软骨症，胸骨弯曲，腿骨变形，胸部内陷 ②产蛋鸡骨骼脆弱，蛋壳质量很差，产软壳蛋，产蛋率下降，蛋形变小，孵化率下降	紫外线照射的动物固醇，鱼肝油，合成维生素 D_3	是几种脂溶性固醇衍生物的总称，其中维生素 D_2、维生素 D_3 对鸡最重要。维生素 D_3 效能是维生素 D_2 的 30 倍

续表

维生素	作用	缺乏症状	来源	备注
维生素E	①抗氧化剂 ②对消化道和体组织中的维生素A起保护作用 ③提高种鸡繁殖性能	①雏鸡15~30日龄发生脑软化症，运动失调，营养性肌肉萎缩，最后因衰竭而死 ②雏鸡患渗出性素质病，皮下组织水肿，胸、腿、肌肉轻度出血 ③公鸡睾丸退化变性，生殖功能减退 ④种蛋孵化率降低，胚胎早期死亡 ⑤白肌病，肌肉呈灰白色条纹	青绿饲料、青干草较多，籽实胚芽和植物油中含量丰富	几种生育酚的总称，对热、酸相当稳定，但易被碱氧化，光线照射易氧化，在饲料中脂肪酸败时则被破坏。与硒有密切联系，许多情况下可降低维生素E的需要量
维生素K	为凝血酶原的形成所必需，合成凝血因子	病鸡蜷缩在一起，发抖，出现大的出血斑点，容易发生出血，血液不易凝固，易流血不止，导致死亡	青绿饲料。鸡大肠道内可合成维生素K_1、维生素K_2	雏鸡料每千克添加0.53毫克，当饲料中有磺胺类抗生素时，每千克添加1~2毫克
维生素B_1	作为能量代谢的辅酶，促进食欲，促进生长，为正常的碳水化合物代谢所必需	①雏鸡生长不良，食欲减退，体温降低，羽毛松乱无光泽，两腿无力。严重时多发性神经炎 ②成年鸡鸡冠发紫，蓝冠，与雏鸡症状相似	糠麸、青绿饲料、草粉、发酵饲料和酵母粉	易溶于水，在加热和碱性环境中易被破坏

续表

维生素	作用	缺乏症状	来源	备注
维生素 B_2	①参与氧化还原反应的多种酶的组成成分 ②调节细胞呼吸的各种氧化还原过程	①雏鸡生长缓慢，蜷爪麻痹症，腿部肌肉萎缩或松弛，皮肤干燥，消化障碍，严重下痢 ②蛋鸡产蛋下降，孵化率低，胚胎死亡，出壳雏鸡脚趾弯曲，绒毛稀少	草粉、小麦、大麦、麦麸、米糠、豆饼、酵母、鱼粉、血粉	每千克饲料添加 4 毫克，疗效良好，晚期疗效不佳。核黄素易在碱性环境中被光照破坏，对热、酸稳定，溶于水
维生素 B_6	①为蛋白质代谢的辅酶 ②增强免疫力	①异常兴奋，无目的乱转，翅下垂，倒在地上滚动，并产生剧烈痉挛 ②生殖器官退化，体重下降，产蛋率下降，种蛋受精率、孵化率降低	酵母、糠麸及植物性蛋白饲料含量丰富	有吡哆醇、吡哆醛和吡哆胺三种形式，三者活性相同。对光敏感，易被破坏
叶酸	①防止恶性贫血 ②对肌肉、羽毛生长有促进作用	①雏鸡生长不良，羽毛不正常，贫血，出现骨短粗症、溜腱症 ②孵化率降低	分布广泛，尤以草籽含量较高	严重贫血的雏鸡，肌内注射 50～100 毫克叶酸，1 周内可恢复正常

续表

维生素	作用	缺乏症状	来源	备注
钴胺素	①有助于造血功能 ②能提高日粮中蛋白质的利用	①雏鸡生长不良，表现贫血，饲料利用率降低，食欲不振，甚至死亡 ②成年鸡产蛋量下降，蛋形变小。种蛋孵化率降低，16～18日龄胚胎死亡率高 ③饲料中缺乏胆碱和蛋氨酸时，雏鸡发生骨短粗症、溜腱症	动物肝脏、抗生素药渣、鱼粉、肉粉、血粉	溶于水和酒精，氧化剂和还原剂都可使其受到破坏
烟酸	①参与碳水化合物、脂肪、蛋白质代谢的辅酶Ⅰ和辅酶Ⅱ的组成部分 ②对制造色氨酸有帮助	①雏鸡关节肿大，腿骨弯曲，生长受阻，溜腱症，嘴、舌发炎（黑舌病），羽毛粗乱 ②成年鸡除用低蛋白日粮外，无明显症状	植物性饲料含量丰富，鱼粉、酵母也富含烟酸	性质较稳定。出现可疑症状，每千克饲料中加10毫克，很快见效
泛酸	辅酶A的组成部分，为中间代谢的必要因子	①雏鸡生长受阻，羽毛粗糙，骨变短粗；出现皮炎；口角、眼、肛门边的皮肤变性；肝脏受损 ②成年鸡孵化率下降	动植物饲料中普遍存在，尤以酵母、青饲料、糠麸、花生饼含量最丰富	症状不严重时，改喂富含泛酸的日粮或口服泛酸钙10～20毫克可以完全恢复

续表

维生素	作用	缺乏症状	来源	备注
生物素	参与碳水化合物、脂肪、蛋白质的代谢，是二氧化碳的载体	①雏鸡翼羽破裂，趾骨弯曲，脚趾、喙边皮肤裂口并变性，溜腱症 ②种蛋孵化率下降	蛋白质饲料和青绿饲料含量丰富	高温及氧化剂易使生物素失去活性，有啄蛋癖的鸡易缺乏生物素
胆碱	①参与神经激动 ②甲基的供体，参与乙酰胆碱及磷脂代谢 ③增强免疫力，产生抗体	①雏鸡、青年鸡生长受阻，脾肿大，肾出血，并可引起骨短粗症，溜腱症 ②成年鸡死亡率增加，产蛋率下降	一般饲料中都含有胆碱，饼粕类饲料、糠麸、大麦、小麦、鱼粉及饲料酵母中含量丰富	日粮中缺乏蛋氨酸，或饲喂高脂肪低蛋白饲料时，必须添加胆碱

表 3-19 鸡的维生素需要量

种 类	雏鸡（0~6 周）	青年鸡（7~20 周）	产蛋鸡	种母鸡
维生素 A（国际单位/千克日粮）	1 500	1 500	4 000	4 000
维生素 D（国际单位/千克日粮）	200	200	500	500
维生素 E（国际单位/千克日粮）	10	5	50	10
维生素 K（毫克/千克日粮）	0. 5	0. 5	0. 5	0. 5
硫胺素（毫克/千克日粮）	1. 8	1. 3	0. 8	0. 8
核黄素（毫克/千克日粮）	3. 6	1. 8	2. 2	3. 8
泛酸（毫克/千克日粮）	10. 0	10. 0	2. 2	10. 0
烟酸（毫克/千克日粮）	27	11	10	10

续表

种类	雏鸡（0~6周）	青年鸡（7~20周）	产蛋鸡	种母鸡
吡哆醇（毫克/千克日粮）	3	3	3	4.5
生物素（毫克/千克日粮）	0.15	0.10	0.10	0.15
叶酸（毫克/千克日粮）	0.55	0.25	0.25	0.35
胆碱（毫克/千克日粮）	1 300	500	500	500
维生素 B_{12}（毫克/千克日粮）	0.009	0.003	0.004	0.004

（三）微量元素的作用及中毒浓度

各种微量元素的作用、缺乏症及日粮中的添加量及中毒浓度情况可参考表3-20、表3-21。

表3-20 各种微量元素的作用、缺乏症及日粮中的添加量

元素名称	主要作用	缺乏时的临床症状	饲料添加量（克/吨）
铁	形成血红素和肌红蛋白的必需物质，与细胞内生物氧化过程有密切关系	雏鸡生长不良，羽毛粗乱，易患缺氧症，出现小红细胞性、低色素性贫血，红黑色羽缺乏色素	45~80
铜	与造血功能、色素形成、神经系统和骨骼正常发育有关	贫血，产蛋率下降，孵化中死胚增加，雏鸡生长抑制，骨变形，易骨折，有色羽褪色	8~25
锰	骨骼基质形成所必需；与碳水化合物和脂肪代谢有关	雏鸡易患滑腱症，即骨短粗病，趾骨变短，跟腱滑脱，难于站立；成年鸡蛋壳变薄，孵化率降低；鸡胚下喙变短，常在第一颈椎上部出现水肿	34~60

续表

元素名称	主要作用	缺乏时的临床症状	饲料添加量（克/吨）
锌	体内多种酶和胰岛素的成分，还参与骨的钙化和蛋壳的形成	雏鸡食欲减退，生长缓慢，羽毛破损，腿软无力，行走困难，趾骨粗短，关节肿大，死亡率增高；成年鸡蛋壳变薄，易产软壳蛋，胚胎畸形，发育不全，破壳困难；初生雏鸡体弱，骨骼、羽毛发育不良，多在几周内死亡	35~65
钴	维生素 B_{12} 组成成分，与蛋白质和碳水化合物代谢有关	影响维生素 B_{12} 的合成，最后导致贫血	4
碘	甲状腺组成成分，与基础代谢率密切相关，参与各种物质代谢过程	甲状腺肿大，甲状腺激素分泌减少，代谢功能降低，生长发育受阻，嗜睡，产蛋率降低，甚至停产，孵化率低，卵黄吸收不良，出壳推迟	0.30~0.35
硒	与维生素 E 相似，有抗氧化作用，对酶系统起催化作用	雏鸡易患渗出性素质症，有时也出现肝坏死症；成年鸡产蛋率下降、孵化率降低	0.15~0.20

表 3-21　鸡饲料中微量元素中毒浓度及危害

元素	鸡龄	化合物形式	中毒浓度（毫克/千克）	影响和危害
氯、钠、钾	生长鸡	NaCl（饮水）	7 000	降低生长率，死亡
	成年鸡	NaCl（饮水）	10 000	降低产蛋量
钴	生长鸡	$CoCl_2 \cdot 6H_2O$	200	降低生长率
碘	产蛋鸡	KI	625	蛋变小，产蛋率和孵化率降低
铁	生长鸡	$Fe_2(SO_4)_3$	4 500	佝偻病

续表

元素	鸡龄	化合物形式	中毒浓度（毫克/千克）	影响和危害
硒	生长鸡	Na_2SeO_3	10	降低生长率
	成年鸡		5	降低孵化率
硫	生长鸡	Na_2SO_4	14 000	降低生长率
	成年鸡		8 100	降低产蛋量
锌	生长鸡	ZnO、$ZnSO_4$	800~3 000	降低生长率、渗出性素质症

第四节　生态养殖蛋鸡的饲料质量要求

饲料是指能被动物采食并能提供给动物某种或多种养分的物质。饲料安全问题一方面影响鸡蛋产品品质及人类健康，另一方面蛋鸡采食有安全性问题的饲料后会对周围环境产生不利影响，阻碍畜牧业的可持续发展，最终影响人类自身的健康和发展。生态养殖蛋鸡，饲料原料和饲料产品的质量必须得到保障。

一、饲料原料的卫生质量要求

以一种动物、植物、微生物或矿物质为来源的饲料，称为饲料原料（单一饲料），这是相对于配合饲料而言的。饲料原料质量是饲料安全的基础，是企业产品质量的源头。

饲料质量的安全受多种因素的影响，其中饲料原料的卫生质量是重要的因素之一。无论是来源于植物、动物或是矿物质，它们本身可能天然存在某些有毒有害成分；同时，在其生产（生长）、储存和运输过程中，也可能受到自然界中化学污染物质及有害生物的污染。饲料原料的卫生质量要求见表 3-22。

表 3-22　饲料原料的卫生质量要求

序号	卫生指标项目	产品名称	指标	实验方法
1	砷（以As计）的允许量（每千克产品中）（毫克）	石粉	≤2.0	GB/T 13079
		硫酸亚铁、硫酸镁		
		磷酸盐	≤20	
		沸石粉、膨润土、麦饭石	≤10.0	
		硫酸铜、硫酸锰、硫酸锌、碘化钾、碘酸钙、氯化钴	≤5.0	
		氧化锌	≤10.0	
		鱼粉、肉粉、肉骨粉	≤10.0	
2	铅（以Pb计）的允许量（每千克产品中）（毫克）	骨粉、肉骨粉、鱼粉、石粉	≤10	GB/T 13080
		磷酸盐	≤30	
3	氟（以F计）的允许量（每千克产品中）（毫克）	鱼粉	≤500	GB/T 13083
		石粉	≤2 000	
		磷酸盐	≤1 800	
		骨粉、肉骨粉	≤1 800	
4	霉菌的允许量（每克产品中）（霉菌总数 $\times 10^3$ 个）	玉米	<40	GB/T 13092
		小麦麸、米糠		
		豆饼（粕）、棉籽饼（粕）、菜籽饼（粕）	<50	
		鱼粉、肉骨粉	<20	
5	黄曲霉毒素 B_1 允许量（每千克产品中）（微克）	玉米、花生饼（粕）、棉籽饼（粕）、菜籽饼（粕）	≤50	GB/T 17480 或 GB/T 8381
		豆粕	≤30	

续表

序号	卫生指标项目	产品名称	指标	实验方法
6	铬（以Cr计）的允许量（每千克产品中）（毫克）	皮革蛋白粉	≤200	GB/T 13088
7	汞（以Hg计）的允许量（每千克产品中）（毫克）	鱼粉	≤0.5	GB/T 13081
		石粉	≤0.1	
8	镉（以Cd计）的允许量（每千克产品中）（毫克）	米糠	≤1.0	GB/T 13082
		鱼粉	≤2.0	
		石粉	≤0.75	
9	氰化物（以HCN计）的允许量（每千克产品中）（毫克）	木薯干	≤100	GB/T 13084
		胡麻饼（粕）	≤350	
10	亚硝酸盐（以$NaNO_2$计）的允许量（每千克产品中）（毫克）	鱼粉	≤60	GB/T 13085
11	游离棉酚的允许量（每千克产品中）（毫克）	棉籽饼（粕）	≤1 200	GB/T 13086
12	异硫氰酸酯（以丙烯基异硫氰酸酯计）的允许量（每千克产品中）（毫克）	菜籽饼（粕）	≤4 000	GB/T 13087

续表

序号	卫生指标项目	产品名称	指标	实验方法
13	六六六的允许量（每千克产品中）（毫克）	米糠、小麦麸、大豆饼（粕）、鱼粉	≤0.05	GB/T 13090
14	滴滴涕的允许量（每千克产品中）（毫克）	米糠、小麦麸、大豆饼（粕）、鱼粉	≤0.02	GB/T 13090
15	细菌总数的允许量（每克产品中）（细菌总数 $\times 10^6$ 个）	鱼粉	<2	GB/T 13093

二、饲料质量指标和分级标准

（一）能量饲料质量指标

根据能量饲料营养成分中的粗蛋白、粗纤维和粗灰分的含量不同，将能量饲料划分成不同的质量指标和分级标准。表3-23列出了鸡常用能量饲料的质量指标和分级标准。

表3-23　鸡常用能量饲料的质量指标和分级标准（%）

饲料名称	营养成分	一级	二级	三级	备注
玉米	粗蛋白	≥9.0	≥8.0	≥7.0	以86%干物质计
	粗纤维	<1.5	<2.0	<2.5	
	粗灰分	<2.3	<2.6	<3.3	
小麦	粗蛋白	≥14	≥12	≥10	以86%干物质计
	粗纤维	<2	<3	<3.5	
	粗灰分	<2	<2	<3	
大麦	粗蛋白	≥11	≥10	≥9	以86%干物质计
	粗纤维	<5	<5.5	<6	
	粗灰分	<3	<3.0	<3	

续表

饲料名称	营养成分	一级	二级	三级	备注
高粱	粗蛋白	≥9.0	≥7.0	≥6.0	以 87%干物质计
	粗纤维	<2.0	<2.0	<3.0	
	粗灰分	<2.0	<2.0	<3.0	
小麦麸	粗蛋白	≥16.0	≥14.0	≥12.0	以 87%干物质计
	粗纤维	<9.0	<10.5	<12.0	
	粗灰分	<5.5	<6.0	≥6.5	
米糠	粗蛋白	≥13.0	≥12.0	≥11.0	以 87%干物质计
	粗纤维	<6.0	<7.0	<8.0	
	粗灰分	<8.0	<9.0	<10.0	
米糠饼	粗蛋白	≥14.0	≥13.0	≥12.0	以 88%干物质计
	粗纤维	<8.0	<10.0	<12.0	
	粗灰分	<9.0	<10.0	<12.0	
米糠粕	粗蛋白	≥15.0	≥14.0	≥13.0	以 88%干物质计
	粗纤维	<8.0	<10.0	<12.0	—
	粗灰分	<9.0	<10.0	<12.0	

（二）生态养殖蛋鸡常用植物性蛋白质饲料的质量指标和分级标准

生态养殖蛋鸡常用植物性蛋白质饲料的质量指标和分级标准见表 3-24。

表 3-24　鸡常用蛋白质饲料的质量指标和分级标准（%）

饲料名称	质量指标	一级	二级	三级	备注
大豆饼	粗蛋白	≥41.0	≥39.0	≥37.0	以 88%干物质计
	粗脂肪	<8.0	<8.0	<8.0	
	粗纤维	<5.0	<6.0	<7.0	
	粗灰分	<6.0	<7.0	<8.0	
大豆粕	粗蛋白	≥44.0	≥42.0	≥40.0	以 87%干物质计
	粗纤维	<5.0	<6.0	<7.0	
	粗灰分	<6.0	<7.0	<8.0	

续表

饲料名称	质量指标	一级	二级	三级	备注
棉籽饼	粗蛋白	≥40.0	≥36.0	≥32.0	以 88%干物质计
	粗纤维	<10.0	<12.0	<14.0	
	粗灰分	<6.0	<7.0	<8.0	
菜籽饼	粗蛋白	≥37.0	≥34.0	≥30.0	以 88%干物质计
	粗纤维	<14.0	<14.0	<14.0	
	粗灰分	<12.0	<12.0	<12.0	
	粗脂肪	<10.0	<10.0	<10.0	
菜籽粕	粗蛋白	≥40.0	≥37.0	≥33.0	以 88%干物质计
	粗纤维	<14.0	<14.0	<14.0	
	粗灰分	<8.0	<8.0	<8.0	
花生饼	粗蛋白	≥48.0	≥40.0	≥36.0	以 88%干物质计
	粗纤维	<7.0	<9.0	<11.0	
	粗灰分	<6.0	<7.0	<8.0	
花生粕	粗蛋白	≥51.0	≥42.0	≥37.0	以 88%干物质计
	粗纤维	<7.0	<9.0	<11.0	
	粗灰分	<6.0	<7.0	<8.0	
葵花仁饼	粗蛋白	≥36.0	≥30.0	≥23.0	以 88%干物质计
	粗纤维	<15.0	<21.0	<27.0	
	粗灰分	<9.0	<9.0	<9.0	
葵花仁粕	粗蛋白	≥38.0	≥32.0	≥24.0	以 88%干物质计
	粗纤维	<16.0	<22.0	<28.0	
	粗灰分	<10.0	<10.0	<10.0	

（三）维生素添加剂的质量标准

各种维生素添加剂的质量标准见表 3-25。

表 3-25　各种维生素添加剂的质量标准

添加剂名称	含量	粒度①（颗粒数/克）	容重②（克/毫升）	熔点（℃）	重金属（毫克/千克）	砷盐（毫克/千克）	水分（%）
维生素 A 乙酸酯	50 万国际单位/克 标示量：90%~130%	10 万~100 万	0.6~0.8		<50	<4	<5.0
维生素 D_2	10 万~50 万国际单位/克 标示量：90%~120%	10 万~100 万	0.4~0.7		<50	<4	<7.0
维生素 E 乙酸酯 吸附物 胶体包被 喷雾干燥	标示量为 95%~120% 50% 25% 50%	100 万	0.4~0.5		<50	<4	<7.0
维生素 K_3 亚硫酸氢钠甲萘醌 亚硫酸氢钠甲萘醌复合物 亚硫酸氢钠甲萘醌包被 亚硫酸二甲基嘧啶甲萘醌	 94% 50% 50% 50%	100 万	0.55	10~107	<20	<4	
维生素 B_1	90%~102%	100 万	0.35~0.4	193	<20		1.0
维生素 B_2	96%	100 万	0.2	280			<1.5
维生素 B_6	98%	100 万	0.6	206	<30		<0.3
烟酸	99%	100 万	0.5~0.7	234~238	<20		<0.5

续表

添加剂名称	含量	粒度①（颗粒数/克）	容重②（克/毫升）	熔点（℃）	重金属（毫克/千克）	砷盐（毫克/千克）	水分（%）
泛酸钙	98%	100 万	0.6				<20 毫克/千克
叶酸	98%	100 万	0.2				<8.5
生物素	2%	100 万					
维生素	99%		0.5~0.9				
氯化胆碱： 液态 固态	 70%~75% 50%		 1.1		 <20		 <30
维生素 B_{12}	1%						

注：①②为德国 BASF 规格。

（四）氨基酸的质量标准

饲料级蛋氨酸和赖氨酸的质量标准见表 3-26 和表 3-27。

表 3-26　饲料级 DL-蛋氨酸的质量标准（GB/T 17810—2009）

指标名称	指标含量
DL-蛋氨酸	≥98.5%
干燥失重	≤0.5%
氯化物（以 NaCl 计）	≤0.2%
重金属（以 Pb 计）	≤0.002%
砷（以 As 计算）	≥0.000 2%

表 3-27　饲料级 L-赖氨酸质量标准（NY 39—1987）

指标名称	指标
含量（以 C_6H_{14} · HCl 干基计）	≥98.5%
比旋光度 $[\alpha]_D^{20}$	+18.0°~+21.5°
干燥失重	≤1.0%

续表

指标名称	指标
灼烧残渣	≤0.3%
铵盐（以 NH_4^+ 计）	≤0.04%
重金属（以 Pb 计）	≤0.003%
砷（以 As 计）	≤0.000 2%

（五）微量元素添加剂的质量标准

微量元素添加剂的质量标准见表 3-28。

表 3-28　微量元素添加剂的质量标准

名称	含量	性状	重金属(铅)(毫克/千克以下)	砷盐（毫克/千克以下）	水分
硫酸铁	含（$FeSO_4$）80%以上	灰白色粉末、无臭	40	3.3	2.0%以下
富马酸亚铁	含（$C_4H_2FeO_4$）96.5%以上	红黄色或红褐色粉末、无臭	10	5	1.0%以下
琥珀枸橼酸铁钠	含（Fe）10.0%~11.0%	青白色带绿色粉末、无臭	10	2	—
DL-苏氨酸铁	含（$C_4H_9NO_9$）58.0%~67.0%	淡黄色或淡褐色粉末，有微特异臭味	20	5	1.0%以下
硫酸亚铁	含（$FeSO_4 \cdot 7H_2O$）98.5%~104.0%	淡蓝绿色柱状结晶或颗粒，无臭味	20	2	—
枸橼酸铁	含（Fe）16.5%~18.5%	赤褐色透明小叶片或赤褐色粉末	20	4	
硫酸铜（干燥）	含($CuSO_4$）85.0%	青白色结晶性粉末、无臭	20	10	
硫酸铜（结晶）	含($CuSO_4 \cdot 5H_2O$）98.5%以上	青白色结晶呈块状或粉末状，无臭	10	5	

续表

名称	含量	性状	重金属(铅)(毫克/千克以下)	砷盐(毫克/千克以下)	水分
碳酸锌	含（Zn）57.0%~60%及以上	白色粉末，无臭	80	5	3.0%以下
硫酸锌（干燥）	含（Zn）80%以上	白色粉末，无臭	20	10	
硫酸锌（结晶）	含（$ZnSO_4 \cdot 7H_2O$）	无色结晶或白色结晶性粉末	10	5	
碳酸锰	含（Mn）42.0%~44.7%	淡褐色粉末，无臭	20	5	3.0%以下
硫酸锰	含（$MnSO_4$）95.0%	淡红色结晶或淡红色粉末	10	5	
碘化钾	含（KI）99.0%以上	无色或白色结晶性粉末，无臭	10	5	1.0%以下
碘酸钾	含（KIO_3）99.0%	白色结晶或白色结晶性粉末，无臭	10	5	
碳酸钴	含（Co）47.0%~52.0%	淡红色粉末或暗紫色粉末，无臭	20	5	3.0%以下
硫酸钴（结晶）	含（$CoSO_4 \cdot 7H_2O$）98.0%~103.0%	有光泽的暗赤色结晶或桃红色砂状结晶，无臭	10	5	
硫酸钴（干燥）	含（$CoSO_4$）90%~110%	桃红色粉末，无臭	20		10

三、饲料的质量要求

（一）总则

（1）感官要求。①具有该饲料应有的色泽、嗅、味及组织形态特征，质地均匀。②无发霉、变质、结块、虫蛀及异味、异臭、异物。

（2）饲料和饲料添加剂的生产、使用应是安全、有效、不污染环境的产品。

（3）符合单一饲料、饲料添加剂、配合饲料、浓缩饲料和添加剂预混合产品的饲料质量标准规定。

（4）饲料和饲料添加剂应在稳定的条件下取得或保存，确保饲料和饲料添加剂在生产加工、贮存和运输过程中免受害虫、化学、物理、微生物或其他不期望物质的污染。

（5）所有饲料和饲料添加剂的卫生指标应符合 GB 13078 的规定。

（二）单一饲料

（1）对单一饲料的监督可包括检查和抽样及基于合同风险协定规定的污染物和其他不期望物质的分析。

（2）进口的单一饲料应取得国务院农业行政主管部门颁发的有效期内进口产品登记证。

（3）单一饲料中加入饲料添加剂时，应注明饲料添加剂的品种和含量。

（4）制药工业副产品不应用于畜禽饲料中。

（5）饲料如经发酵处理，所使用的微生物制剂应是《饲料添加剂品种目录》中所规定的微生物品种和经国务院农业行政主管部门批准的新饲料添加剂品种。

（三）饲料添加剂

（1）营养性饲料添加剂和一般饲料添加剂产品应是《饲料添加剂品种目录》所规定的品种，或取得国务院农业行政主管部门颁发的有效期内饲料添加剂进口登记证的产品，或是国务院农业主管部门批准的新饲料添加剂品种。

（2）国产饲料添加剂产品应是由取得饲料添加剂生产许可

证的企业生产，并具有产品批准文号或中试生产产品批准文号。

（3）饲料添加剂产品的使用应遵照产品标签所规定的用法、用量使用。

（4）接收、处理和贮存应保持安全有序，防止误用和交叉污染。

（四）饲料药物添加剂

（1）饲料药物添加剂的使用应遵守《饲料药物添加剂使用规范》，并应注明使用的添加剂名称及用量。

（2）接收、处理和贮存应保持安全有序，防止误用和交叉污染。

（3）使用饲料药物添加剂应严格执行休药期规定。

（五）配合饲料、浓缩饲料和添加剂预混合饲料

（1）产品成分分析保证值应符合所执行标准的规定。

（2）使用饲料药物添加剂时，应符合《饲料药物添加剂使用规范》，并应注明使用的添加剂名称及用量。

（3）使用时，应遵照产品饲料标签所规定的用法、用量。

（六）饲料加工过程

（1）饲料企业的工厂设计与设施卫生、工厂卫生管理和生产过程的卫生应符合 GB/T 16764 的要求。

（2）单一饲料和饲料添加剂的采购和使用应符合（一）、（二）的要求，否则不得接收和使用；使用的饲料添加剂应符合（一）、（三）、（四）的规定，否则不得接收和使用。

（3）饲料配方遵循安全、有效、不污染环境的原则；饲料配方的营养指标应达到该产品所执行标准中的规定；饲料配方应由饲料企业专职人员负责制定、核查，并标注日期，签字认可，以确保其正确性和有效性；应保存每批饲料生产配方的原件和配料清单。

（七）配料过程

（1）饲料加工过程使用的所有计量器具和仪表应进行定期检验、校准和正常维护，以保证精确度和稳定性，其误差应在规定范围内。

（2）微量和极微量组分应进行预稀释，并有专用设备在专门的配料室内进行。应有翔实的记录，以备追溯。

（3）配料室应有专人管理，保持卫生整洁。

第五节 饲料配制技术

一、配合饲料

配合饲料是根据鸡在不同生长阶段、不同生产水平和生产目的条件下的营养需要，以及各种饲料的营养价值而制定出的科学的饲料配方，再按照饲料配方的要求，把各种饲料原料按一定比例均匀混合而成的商品饲料。

（一）配合饲料的分类

按饲料中的营养成分分类可分为三类，即全价配合饲料、浓缩饲料和添加剂预混合饲料。三者之间的关系见图 3-2。其中，浓缩饲料和添加剂预混料是半成品，不能直接饲喂。全价配合饲料是鸡的全价营养饲粮，可直接饲喂；按饲料形状分类可分为粉状饲料、颗粒饲料、碎粒料、压扁饲料及块状饲料、液体饲料等；按喂养对象可分为生长期鸡料（0~6 周龄，7~14 周龄，15~20 周龄）、产蛋鸡及种母鸡料（21~35 周龄，36~48 周龄，49~72 周龄，并结合三种产蛋率，即产蛋率>80%、产蛋率<65%、产蛋率在 65%~80%）。

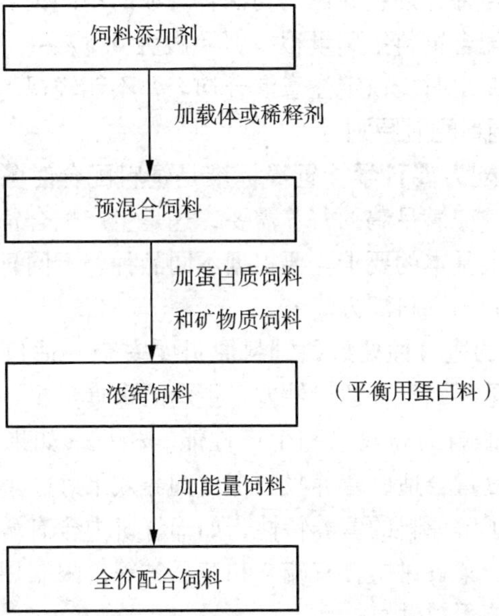

图 3-2　添加剂预混料、浓缩料、全价配合饲料之间的关系

1. 全价配合饲料　全价配合饲料是根据蛋鸡消化生理特点、不同品种及生长阶段、生产水平对各种营养成分的需要量，把多种饲料原料和添加成分，按照规定的加工工艺配合成为均匀一致、营养价值完全的饲料产品，该种饲料中所含的各种营养成分均衡且全面，能够满足鸡的各种营养需要，可直接喂鸡，不必另外添加其他营养成分，是一种最理想的配合饲料。

2. 浓缩饲料　浓缩饲料又称蛋白质补充饲料，是由蛋白质饲料（如豆粕、鱼粉等）、矿物质饲料及添加剂预混料配制而成的，其蛋白质含量在30%以上。该种饲料不能直接饲喂给鸡，需再掺入一定比例的能量饲料后方可饲喂。浓缩饲料在全价配合饲料中的占比一般为30%~40%。

3. 添加剂预混料　添加剂预混料简称预混料，是几种或多种微量组分与稀释剂或载体均匀混合构成的中间配合产品。该种饲料在全价配合饲料中用量很少，一般为0.5%~3%，但作用巨大。生产和使用时，一定注意混合均匀，不能轻视。

（二）饲料配制原则

1. 饲料配方要科学 饲养标准是饲料配合时各种营养元素含量的依据，应满足鸡的营养需要，这是生产配合饲料和保证配合饲料品质最基本的要求。要根据不同品种、不同日龄鸡的饲养标准设计不同的饲料配方。

2. 饲料的适口性要好，饲料原料要安全 适口性是影响蛋鸡采食量的重要因素，适口性差，蛋鸡的采食量少，饲料营养再全面也势必影响饲养效果和生产性能。相反，如果饲料适口性好，鸡的采食量合适，营养吸收多，饲养效果好，鸡的生产性能也会增加。了解原料的营养特性，如棉籽饼中含有游离棉酚、高粱含有单宁、菜籽饼中含有硫苷和芥子碱等，限制用量、用时去毒，以免影响蛋鸡健康。

3. 营养元素比例要恰当 蛋白质、氨基酸、矿物质、维生素等各种营养元素的含量既要满足鸡的饲养标准，又要比例适宜，才有助于营养的吸收利用，提高饲料报酬；日粮中蛋白质和能量的比例通常用蛋白能量比来表示，日粮中能量低时，相应的蛋白质的含量也应降低；日粮中能量高时，相应的蛋白质的含量也应增加。如果日粮中蛋白高能量低或能量高蛋白低，都会造成饲料的浪费。另外，氨基酸、维生素、矿物质之间，有的存在协同作用，有的存在拮抗作用，所以在配料时一定要协调好它们之间的比例关系。

4. 尽量选用当地的饲料原料，原料多样化 在不影响饲养效果和经济效益的前提下，要因地制宜，根据当地的实际种植情况，就地取材，使用物美价廉的原料，降低生产成本。同时，为了满足鸡的营养需要，要使用不同的饲料原料，使饲料间不同的养分相互搭配、相互补充，提高配合饲料的营养价值。

（三）配合饲料的特点

（1）配合饲料是在大量的科学实验和实践的基础上，根据不同蛋鸡的饲养标准，结合当地主要的饲料原料，先制定出科学的饲料配方，再按饲料配方的要求，通过先进的生产设备加工而成的，工艺流程科学合理。

（2）配合饲料是按鸡的不同品种、不同年龄及不同生产水平和生产目的配制而成的，营养全面，能够满足鸡的各种营养需要，可以最大限度地发挥鸡的生产能力，增强抗病力，提高饲料报酬，降低饲养成本，减少饲料浪费，获得高效益。

（3）无论哪一种类型的饲料，一般直接或稍加处理即可饲喂，使用、运输和贮存都很方便。

二、配合饲料的生产工艺流程

（一）饲料加工基本工艺类型

饲料加工基本工艺类型常用的有2种：先粉碎后配料、先配料后粉碎。

1. 先粉碎后配料工艺　是指先将不同原料分别粉碎，储入配料仓，然后再按配方比例称量，送入混合机混合而成。其生产工艺流程为：原料接收→清理除杂→粉碎→配料→混合→压制颗粒→筛分→成品包装。

优点：主要是可对不同原料品种分别粉碎加工成不同细度，筛孔可根据要求粒度选择，使粉状料粒度质量达到最好程度，粉碎效率高。缺点：主要是需要的配料仓和储料仓及进出料的附属设备较多，生产工艺较复杂，投资成本增加。

2. 先配料后粉碎工艺　是指先将各种需要粉碎的原料、副料，按饲料配方要求比例计量，在一起稍加混合后，送入粉碎机粉碎，然后在粉碎后的混合料中，按配方比例加入其他不需要粉碎的粉状副料和添加剂预混合饲料，再经混合机充分混合均匀而成粉状配合饲料（也可压制成颗粒料）。其加工工艺流程为：原料接收→清理除杂→配料→粉碎→混合→压制颗粒→成品包装。

优点：主要是工艺流程较简单，原料仓就是配料仓，不需要太多的储料仓。缺点：主要是粗、细料不易搭配，粒度容重不同的物料，粉碎前分级，配比误差大。

（二）饲料加工基本工艺

1. 饲料原料接收 包括原料的检验、输送、计量、初清、干燥及贮存。粒料、粉料、饼料、液态原料等不同形态的原料应采用相适应的接收方式和设备。粒料、粉料、饼料以库存为接收方式，液态原料以罐装储存，接收工序的生产能力必须保证生产车间的稳定生产。

2. 饲料原料清理除杂 原料中可能含有麻绳、木块、泥块、砖块、杂草，磁性杂质如铁钉、螺母等多种杂质，这些杂质混在饲料中会影响饲料质量和设备安全生产，必须予以清除。形态不同采用的清理工艺不同，根据原料杂质大小、比重差异用筛选法分离杂质；根据原料杂质导磁不同，用磁选法去除铁杂；根据原料悬浮液速度不同，吸风除尘；固态（粉、粒状）原料的清理基本由筛选和磁选两道设备配除尘组成，液态原料通常在管路中设过滤装置进行清理。

3. 原料粉碎 原料粉碎机械主要包括锤片式粉碎机、微粉碎机、供料仓、料仓料位器、喂料器、磁选设备、粉碎料分级筛和输送设备等辅助设备。此外亦有采用辊式粉碎机和锤片粉碎机组成二次粉碎工艺的。

粉碎过程主要控制粉碎粒度及其均匀性。粉碎的颗粒大小由鸡只不同的饲养阶段、不同的原料组成、不同的调质熟化和成型方式决定，原料要使饲料具有最大利用率或最佳生产性能且不影响动物的健康。生产前检查筛网有无漏洞、漏缝及错位，喂料器上方磁板上的金属杂质是否去除干净，喂入粉碎机的物料是否均匀，锤片是否磨损，并随时注意观察粉碎机的粉碎能力和粉碎机排出的物料细度。

4. 配料 配料是根据饲料配方规定的配比，将多种原料分别称重计量，配合成为一种非均匀混合料的工艺过程。配料工序必须保证各配料组分的精确计量。

主要配料设备是计量秤（或容积式计量器），还有配料仓、配料仓上下仓料位器、喂料器及其他附属设备。配料顺序上应先配大料，后配小料；配料时要尽量考虑到对秤斗对称下料，以免过分偏载影响电子秤的精度；电子秤的精度要定期校验。

5. 混合 混合是饲料生产中将配合后的各种物料混合均匀的一道工序，它是确保饲料质量和提高饲料效果的重要环节。混合设备是混合机。

6. 制粒 一般配合饲料制粒是指将粉状配合饲料用热蒸汽熟化，并用制粒机压制成颗粒，再经冷却干燥、碎粒、筛选，得到合乎质量要求的颗粒饲料的工艺过程。其优越性在于增加蛋鸡采食量，保证饲料的全价性，提高饲料转化率，还可以减少饲料浪费，便于机械化饲养和运输。主要制粒设备是去磁设备、制粒机上仓、蒸汽供应锅炉、制粒机、冷却器、颗粒破碎机、颗粒分级筛及输送设备等。

7. 成品处理 主要包括成品的输送、包装、散装和包装发放。

三、配合饲料生产的质量控制

配合饲料的加工是保证产品性能和降低成本的关键所在，优质的饲料产品要靠科学的配方设计和科学的加工制造共同实现，而监控加工过程中各个工艺环节的质量对配合饲料产品质量具有举足轻重的作用。

（一）影响饲料质量的主要因素

影响饲料质量的主要因素有原料的质量、配方设计和加工工艺。

1. 饲料原料的品质控制 饲料原料是影响饲料质量的关键因素。饲料原料质量指标包括感官性状（性状、色泽、气味、外观、夹杂物等）、理化指标或技术指标（如水分、粗蛋白质、粗脂肪、粗纤维、粗灰分、无氮浸出物、钙、磷等含量），安全指标（霉菌毒素、农药残留、原料自身有毒物质、重金属等）、微生物指标（如真菌、沙门菌、寄生虫等）、卫生标准等。原料发霉变质、水分超标、掺假作假（如麦麸中掺入糠壳粉，鱼粉中混有血粉、羽毛粉）、含有毒素（如劣质的花生粕中可能含有黄曲霉毒素，劣质鱼粉中含有肉毒梭菌毒素）、原料仓储时间过长引起虫蛀质变等都是引起饲料质量次劣的常见原因，生产中要严格把好原料关。

2. 饲料配方的控制 科学合理的饲料配方是最大限度发挥产蛋鸡固有遗传性能，获得更多优质产品的重要措施之一。如果饲料配方不合理，即使饲料原料再好，也不可能生产出质量好的饲料，造成饲料资源的浪费，鸡只营养不均衡，生产水平低下。饲养户尽量按饲料厂家的推荐配方使用，但如果本地有更加丰富的廉价原料，可请饲料厂家的配方师单独制作推荐配方，切忌自己随意增减。

3. 加工工艺的控制 饲料加工工艺有很多，但是一般的加工流程是：原料→粉碎机粉碎→配料仓配料→混合→制粒→分级筛选→成品仓→打包。整个工艺流程中任何一个环节出现问题，都会直接影响饲料的质量。

（二）配合饲料生产过程质量控制

1. 原料清理标准 原料清理主要是将原料或副料中的大杂质及铁质除去。清理标准是：有机物杂质不得超过 0.2 克/千克，直径不大于10毫米；磁性杂质不得超过50毫克/千克，直径不大于2毫米。投料口上初清筛一般配置50毫米×50毫米左右孔眼的栅筛以清除大杂质。

2. 原料粉碎标准　粉碎过程主要控制原料粉碎粒度，以达到提高饲料消化吸收率、保证混合均匀的目的。蛋鸡配合饲料粉碎粒度标准为：雏鸡（0~6周龄）、产蛋鸡（开产5%后）、生长鸡（7~20周龄），全部通过孔径为3.5毫米的圆孔筛，孔径2.0毫米圆孔筛的筛上物留存率不得多于15%。

3. 配料控制

（1）配料时，操作人员必须严格按配方执行。每次配料要有记录，严格操作规程，搞好交接班。微量元素添加剂、维生素预混料尤其是药物添加剂的记录，要明确标记，单独存放。

（2）电子秤的精度要定期校验。药物的配料秤每天要检查1次。配合饲料的配料秤精度应达到1/1 000~1/500（静态），预混料中的微量成分配料秤精度应达到1/1 000~3/1 000（静态）。

（3）配料量大小不一的各种组分要分别选用大、中、小各种配料秤。容重比较大的应该用小直径（或低转速）的配料搅龙给料。配料顺序应先配大料，后配小料。配料时要尽量考虑向秤斗对称下料，以免过分偏载影响电子秤的精度。

（4）每次换料时，要对配料设备进行认真清洗，防止交叉污染。做好维修和保养工作。

（5）预混料的人工配料，要有正确的称量顺序及投料前复核称量。进配料仓的料最好用旋转式分配器输送以免发生串仓而增加配料误差。

4. 混合　国家标准规定：一般配合饲料、浓缩料变异系数（CV）≤10%，预混合料CV≤5%。生产过程控制要点如下：

（1）根据混合均匀度、混合时间、残留量等几项因素选择适宜的混合机。

（2）进料顺序为：一般量大的组分先加或大部分（80%）加入机内后，再将少量（20%）或微量组分置于物料上面；粒度大的物料先加，粒度小的后加；相对密度小的物料先加，相对密度大的后加，以保证混合质量。装料要适宜，不能过量。如卧式螺带混合机的充满系数，一般0.6~0.8较为适宜。

（3）混合时间不宜过短，过短，物料在混合机中得不到充分混合，影响混合质量；也不宜过长，过长，物料过度混合而造成分离，同样影响质量，一般配合饲料卧式混合机混合时间为6分钟，立式混合机为5~30分钟。

（4）注意事项。更换饲料配方时，要对前一批次的残留彻底清理，以防止交叉污染；预混合与主混合要分开，以防止交叉污染；尽量减少混合成品的输送距离，尽量避免用风力输送，以防止饲料分离；预混合饲料混合好后，应直接装袋；添加液体时，应注意液体在混合机内喷洒的均匀性，避免饲料成团。

5. 制粒 传统的制粒工序可分为制粒、冷却、破碎和筛分等4道工序。

（1）调质制粒工序。调质促进淀粉的糊化、蛋白质变性，既提高了饲料的营养价值，又改良了物料的制粒性能，从而改进颗粒产品的加工质量。要求饱和蒸汽锅炉蒸汽压力达到0.8兆帕，输送到调质器之前，蒸汽压力调节到0.21~0.4兆帕。调质后饲料的水分在15.5%~17%，温度在80~85℃。

（2）调质时间一般不应低于20秒，适当延长可提高调质效果。

（3）配方原料不同，选用不同厚度的压模，热敏度高的原料、淀粉及无机盐含量高的饲料选较薄型压模，油脂、纤维物质含量高的选用较厚型压模。压模与压辊的间隙在0.2~0.5毫米，并注意随时调整，不同产品需要不同的间隙。更换新模时，内孔必须进行研磨后才可使用。

（4）刚压出模的颗粒应立即进行干燥冷却，降低温度、减少水分，使其硬化，以便贮藏、运输。

（5）颗粒饲料破碎可增加产量，降低成本，提高消化吸收率，但破碎后会产生一部分粉末等不符合要求的物料，需要筛分成颗粒整齐、大小均匀的产品。

6. 包装　检查包装秤的工作是否正常，设定重量与包装要求重量应一致，被包装的饲料和包装袋及标签应正确无误，缝包不能漏缝和掉线。

7. 配合饲料贮藏质量控制

（1）饲料应置于遮光、阴凉、通风、干燥处密闭封装保存，尽可能不散放。贮藏不当，多种氨基酸、维生素及脂肪可氧化分解，使营养物质损耗。

（2）成品料贮藏时间过长会造成某些物质失效或产生有毒有害物质，故成品料的贮藏时间不宜过长；维生素添加剂与微量元素添加剂要分别包装和贮藏，以防产品效价降低。

（3）脂肪含不饱和脂肪酸愈多，其硬度愈小，熔点也愈低，越容易受到空气中氧气的作用而氧化酸败，从而影响饲料的品质。因此，在饲料储存及加工中应注意防止脂肪变性。

8. 配合饲料的安全与卫生

（1）当饲料中的温度和湿度适宜时，饲料中就会大量繁殖霉菌，使饲料霉烂变质。许多霉菌还能分泌毒素引起动物中毒。如黄曲霉毒素（AFT）中 B_1 的毒性比剧毒的氰化物强 10 倍左右，比砒霜强 68 倍；残留在植物体内外的微量农药成分及其代谢物，直接影响了植物性饲料的安全卫生，最终有可能影响饲料产品的质量，所以要加强饲料原料的质量管理，防止饲料被霉菌和农药污染。

（2）自然界的许多饲料本身就含有对动物有毒或有害的成分。如棉籽饼中的游离棉酚易被肠道吸收，大量积累可损害肝细胞、心肌和骨骼肌等；菜籽饼中含有一定量的硫葡萄糖苷，水解后的产物作用于甲状腺，会形成甲状腺肿。因此，对于自身有毒的饲料在配合前一定要经过去毒处理，以免造成不必要的经济损失。

第四章　生态养殖蛋鸡的饲养管理技术

第一节　适宜生态养殖的蛋鸡良种

一、国内外主要蛋鸡品种介绍

（一）白壳蛋鸡

白壳蛋鸡的品种及其商品代生产性能见表 4-1。

表 4-1　白壳蛋鸡品种及商品代生产性能

白壳蛋鸡品种	项目	生产性能
京白 904（北京市种禽公司培育，体形小，生产性能高，适应性强）	0~20 周龄成活率（%）	94
	21~72 周龄成活率（%）	92
	72 周龄产蛋数（枚）	280~291
	72 周龄产蛋重量（千克）	16.75~17.29
	平均蛋重（克）	58.0
	20 周龄体重（克）	1 420~1 490
海兰白 W-36（美国海兰国际蛋鸡育种公司培育，商品代雏鸡可通过快慢羽自别雌雄）	生长期（1~18 周龄）成活率（%）	97
	18 周共消耗饲料（千克）	5.67
	20 周龄体重（千克）	1.28
	产蛋期（自 20 周龄至 14 个月产蛋期）	
	高峰期产蛋率（%）	92
	入舍母鸡产蛋数（枚）	297

续表

白壳蛋鸡品种	项目	生产性能
	存活率（%）	93
	达 50%产蛋率日龄（天）	145
	32 周龄平均蛋重（克）	56.7
	70 周龄平均蛋重（克）	64.8
	32 周龄体重（千克）	1.6
	70 周龄体重（千克）	1.7
	每千克鸡蛋所需饲料（千克）	2.2
罗曼白（德国罗曼家禽育种公司培育）	产蛋率达 50%日龄（天）	148~154
	高峰产蛋率（%）	92~95
	72 周龄入舍鸡产蛋数（枚）	295~305
	平均蛋重（克）	62.5
	料蛋比	（2.1~2.3）：1
	0~18 周龄耗料（千克）	6.0~6.4
	20 周龄体重（千克）	1.30~1.35
	产蛋末期体重（千克）	1.75~1.85
	育成期成活率（%）	96~98
	产蛋期死淘率（%）	4~6
迪卡 XL 白壳蛋鸡（美国迪卡公司培育，商品代可根据羽毛生长速度自别雌雄）	18 周龄体重（千克）	1.32
	20 周龄体重（千克）	1.425
	36 周龄以上体重（千克）	1.7
	开产达 50%日龄（天）	146
	产蛋高峰期周龄（周）	28~29
	高峰期产蛋率（%）	94 以上
	平均蛋重（克）	61.7
	78 周龄入舍鸡产蛋数（枚）	320
	育成期成活率（%）	96
	产蛋期死淘率（%）	8
	育成期至 18 周龄饲料消耗量（千克）	6
	19~72 周龄每天每只耗料（克）	107
	蛋料比	1：2.17

续表

白壳蛋鸡品种	项目	生产性能
尼克白（美国尼克国际公司培育）	0~18 周龄成活率（%）	95~98
	19~80 周龄成活率（%）	88~94
	达 50%产蛋率日龄（天）	154
	高峰期产蛋率（%）	89~95
	60 周龄入舍母鸡产蛋数（枚）	220~235
	80 周龄入舍母鸡产蛋数（枚）	315~335
	18~60 周龄料蛋比	（2.1~2.3）：1
	18~80 周龄料蛋比	（2.13~2.35）：1
	18 周龄体重（千克）	1.261~1.306
	80 周龄体重（千克）	1.792~1.882
	60 周龄平均蛋重（克）	64
	80 周龄平均蛋重（克）	65
宝万斯白（荷兰汉德克家禽育种有限公司培育）	0~20 周龄成活率（%）	96~98
	20 周龄体重（千克）	1.393
	50%开产日龄（天）	143~145
	72 周龄入舍母鸡产蛋数（枚）	306
	平均蛋重（克）	61.4
	72 周龄总蛋重（千克）	18.32
	产蛋期产蛋率（%）	94.1
	料蛋比	2.0：1
	72 周龄体重（千克）	1.67

（二）褐壳蛋鸡

褐壳蛋鸡的品种及其商品代生产性能见表 4-2。

表 4-2　褐壳蛋鸡品种及商品代生产性能

褐壳蛋鸡品种	项目	生产性能
海兰褐（美国海兰国际育种公司培育，抗病力强、产蛋率高、鸡蛋品质好）	生长期（至 18 周）成活率（%）	96~98
	18 周龄体重（千克）	1.55
	74 周龄体重（千克）	2.2
	生长期饲料消耗（千克）	5.9~6.8
	达 50%产蛋率日龄（天）	155
	高峰产蛋率（%）	92~96
	72 周龄入舍鸡产蛋数（枚）	287
	80 周龄入舍鸡产蛋数（枚）	323
	18~80 周龄成活率（%）	92~96
	平均蛋重（克）	63.6
	每只入舍母鸡产蛋总重量（千克）	20.41
	料蛋比	(2.3~2.5) : 1
迪卡黄金褐（美国迪卡家禽研究公司培育，早熟、耐高温、适应性强）	育成期成活率（%）	96~98
	产蛋期成活率（%）	94~96
	18 周龄体重（千克）	1.70~1.78
	40 周龄体重（千克）	2.05
	产蛋率达 50%日龄（天）	140
	高峰期产蛋率（%）	92~95
	72 周龄入舍鸡产蛋数（枚）	290~310
	78 周龄入舍鸡产蛋数（枚）	330~340
	18~78 周龄平均蛋重（克）	63~64.2
	18~72 周龄料蛋比	(2.07~2.28) : 1
	18~78 周龄料蛋比	(2.10~2.30) : 1
罗斯褐壳蛋鸡（英国罗斯育种公司培育，出壳时可按羽色或羽速自别雌雄）	18 周龄体重（千克）	1.38
	76 周龄体重（千克）	2.2
	0~18 周龄耗料（千克）	7
	19~76 周龄耗料（千克）	45
	开产周龄（周）	18~20
	产蛋高峰期周龄（周）	25~27

续表

褐壳蛋鸡品种	项目	生产性能
	76 周龄入舍鸡产蛋数（枚）	298
	平均蛋重（克）	61.7
	料蛋比	2.35∶1
	产蛋期死淘率（%）	4.74
海赛克斯褐（荷兰汉德克家禽育种有限公司培育）	生长期（0~18 周龄）成活率（%）	97
	18 周龄体重（千克）	1.4
	产蛋末期体重（千克）	2.25
	产蛋率达 50% 日龄（天）	158
	平均产蛋率（%）	76
	产蛋率达 80% 以上的持续时间（周）	27
	78 周龄入舍鸡平均产蛋数（枚）	299
	平均蛋重（克）	63.2
	料蛋比	2.39∶1
伊萨褐（法国伊萨公司培育）	18 周龄体重（千克）	1.45
	0~20 周龄成活率（%）	97
	0~20 周龄耗料（千克）	7~8
	20~80 周龄存活率（%）	92.5
	产蛋率达 50% 日龄（天）	160
	高峰期产蛋率（%）	92
	80 周龄入舍鸡产蛋数（枚）	308
	平均蛋重（克）	62.55
	80 周龄母鸡体重（千克）	2.25
	料蛋比	（2.4~2.5）∶1
尼克红（德国罗曼家禽育种有限公司尼克子公司培育）	0~20 周龄成活率（%）	96~98
	20 周龄体重（千克）	1.59
	产蛋率达 50% 日龄（天）	150~161
	76 周龄入舍鸡产蛋数（枚）	303~325
	平均蛋重（克）	63.0~65.0

续表

褐壳蛋鸡品种	项目	生产性能
	76 周龄总蛋重（千克）	19. 1~20. 6
	产蛋期成活率（%）	91~94
	料蛋比	(2. 2~2. 3) : 1
	76 周龄体重（千克）	2. 2
宝万斯褐 (荷兰汉德克家禽育种有限公司培育)	0~20 周龄成活率（%）	95~97
	20 周龄体重（千克）	1. 64~1. 74
	产蛋率达 50%日龄（天）	150~157
	80 周龄入舍鸡产蛋数（枚）	326~331
	平均蛋重（克）	62. 0~63. 0
	72 周龄总蛋重（千克）	20. 6~21. 0
	产蛋期成活率（%）	92~95
	料蛋比	(2. 35~2. 40) : 1
	72 周龄体重（千克）	2. 05~2. 25
伊莎新红 (法国哈伯德伊莎公司培育)	0~20 周龄成活率（%）	98
	20 周龄体重（千克）	1. 75
	产蛋率达 50%日龄（天）	161~167
	78 周龄入舍鸡产蛋数（枚）	313~325
	平均蛋重（克）	63. 0~65. 0
	72 周龄总蛋重（千克）	20. 4~21. 1
	产蛋期成活率（%）	93
	料蛋比	(2. 40~2. 50) : 1
	78 蛋龄体重（千克）	2. 2~2. 3

（三）粉壳蛋鸡

粉壳蛋鸡的品种及其商品代生产性能见表 4-3。

表 4-3　粉壳蛋鸡品种及商品代生产性能

粉壳蛋鸡品种	项目	生产性能
雅康浅壳蛋鸡（以色列 PBV 家禽育种协会最新推出的四系配套浅壳蛋鸡。蛋壳为淡奶油色或浅褐色，商品代可通过羽速自别雌雄）	20 周龄体重（千克）	1.5
	50%产蛋率日龄（天）	160~167
	78 周龄产蛋数（枚）	290~305
	平均蛋重（克）	62~64
	0~150 日龄累计耗料（千克）	7.8~8.3
	产蛋期日耗料（克）	99~105
	0~20 周龄育成率（%）	94~96
	产蛋期死淘率（%）	6~8
海兰灰（美国海兰国际公司新培育）	生长期（至 18 周）成活率（%）	98
	生长期饲料消耗（千克）	6.1
	18 周龄体重（千克）	1.42
	产蛋高峰期产蛋率（%）	94
	50%产蛋率日龄（天）	151
	入舍鸡至 74 周龄产蛋数（枚）	305
	入舍鸡至 80 周龄产蛋数（枚）	333
	平均蛋重至 70 周（克）	65.1
	19~80 周龄每只鸡产蛋总重（千克）	21.1
星杂 444（加拿大雪佛公司培育的 3 系配套杂交鸡，可根据羽毛自别雌雄）	72 周龄鸡的产蛋量（枚）	260~280
	平均蛋重（克）	61~63
	每产 1 千克蛋耗料（千克）	2.45~2.70
农大 3 号粉（北农大种禽公司育成，其用矮小型鸡作为父系，普通褐壳蛋鸡作为母系，配套生产商品代鸡，其中母鸡均为矮小型鸡）	平均每日耗料量（克）	87 左右
	料蛋比	2.1∶1
	淘汰鸡体重（千克）	1.6 左右

续表

粉壳蛋鸡品种	项目	生产性能
京白 939（北京市华都种禽有限公司培育）	0~20 周龄成活率（%）	96~98
	20 周龄体重（千克）	1.4
	产蛋率达 50%日龄（天）	150~155
	72 周龄入舍鸡产蛋数（枚）	299
	平均蛋重（克）	60.3~63.0
	72 周龄总蛋重（千克）	17.90
	产蛋期成活率（%）	91~94
	料蛋比	2.33∶1
	72 周龄体重（千克）	1.8~1.9
尼克粉（德国罗曼家禽育种有限公司尼克子公司培育）	0~20 周龄成活率（%）	96~98
	20 周龄体重（千克）	1.46~1.50
	产蛋率达 50%日龄（天）	154
	76 周龄入舍鸡产蛋数（枚）	315~326
	平均蛋重（克）	60.0~63.0
	72 周龄总蛋重（千克）	19.5~20.8
	产蛋期成活率（%）	91~94
	料蛋比	(2.1~2.3)∶1
	72 周龄体重（千克）	1.95

（四）中国地方鸡种

中国地大物博，各地自然生态环境复杂多样，在长期的生产实践中培育了许多各具特色的地方品种，经农业部认定的品种大概有 100 多个。这些土蛋鸡抗病能力强，耐粗饲，肉质鲜美，鸡蛋品质好，特别适于生态养殖。根据用途可分为蛋用型、肉用型、药用型、药肉兼用型和观赏型五大类。其生产性能见表 4-4。

表 4-4　中国地方鸡种的生产性能

品种	产地分布	体重（千克）		开产日龄(天)	年产蛋（枚）	蛋重（克）	蛋壳颜色	备注
		公鸡	母鸡					
仙居鸡	浙江省仙居县及临近临海、天台一带	1.2~1.5	0.8~1.0	150~180	200 以上	40~45	褐	小巧、敏捷、善飞、觅食力强、就巢性差
浦东鸡	上海南汇、川沙、奉贤一带	3.5~4	3~3.5	210~240	110~140	55~60	褐	就巢性强，肉质鲜美
庄河鸡	辽宁省庄河、丹东一带	3~3.5	2.2~2.5	240~270	80~120	63~68.5	褐	耐寒性强，多产大蛋
寿光鸡	山东寿光一带	3~3.5	2.5~3	210~240	90~130	60~65	红褐	耐粗饲，蛋大
北京油鸡	北京市郊区	2~2.5	1.7~2	240~300	120~160	56~60	红褐	就巢性强，生长慢，肉质好
惠阳鸡	广东惠阳地区、长江中下游	2~2.5	1.5~2	150~165	100~120	45~55	米黄	早熟、肉嫩、皮脆、骨酥，味鲜、质优
狼山鸡	江苏省如东县	3~3.5	2~2.5	195~210	150~180	50~60	红褐	肉质好，有就巢性
固始鸡	河南信阳地区、固始带	1.9~3.5	1.2~2.4	165~270	96~160	48~60	黄褐	肉质好，有就巢性

续表

品种	产地分布	体重（千克）		开产日龄(天)	年产蛋（枚）	蛋重（克）	蛋壳颜色	备注
		公鸡	母鸡					
萧山鸡	浙江杭州萧山区、绍兴地区	3~3.5	2~2.5	180~210	120~150	50~55	浅棕	肉质鲜美
乌骨鸡	江西省泰和县	1.2~1.5	1~1.25	165~180	80~120	30~50	浅棕	药用、就巢性强，抗病力弱

二、优良种鸡的外貌选择标准

（一）优良种公鸡的选择

1. 根据外形 优良种公鸡鸡冠、肉髯鲜红，冠峰直立整齐，眼大有神，颈部昂举；体躯雄壮，胸宽而突出，腿长有力，肌肉丰满，骨骼粗壮，尾羽丰美。

2. 根据行为动态 优良种公鸡活泼好动，步伐有力，鸣声响亮；食欲、性欲都很旺盛；爱护母鸡，对其他公鸡表现出好斗的行为等。

（二）优良种母鸡的选择

1. 根据外貌与行动 优良种母鸡头部宽深而短，冠、肉髯鲜艳绯红，眼大有神，嘴粗短稍弯曲，颈长适中丰满；两腿间距宽，肌肉发达，爪短、弯曲有力；耻骨间的间距较宽、有弹力，以平放手指能容纳3~4指为好。耻骨至龙骨（即胸骨的间距宽）为3~4指，肛门宽敞而温润；富有活力，活泼好动，下蛋速度快。

2. 根据换羽情况 换羽即换毛，是鉴别种母鸡生产能力高低的主要特征。换羽过早的母鸡（如在夏季或初秋换羽的母鸡）是低产的母鸡，高产的母鸡一般在晚秋才开始换羽；换羽期越短的种母鸡越好，换羽期太长的就差。一般换羽期在1.5~3个月。

因此，应选择换羽迟、换羽期短的母鸡作为优良种母鸡。

三、引种时的注意事项

（1）雏鸡应来源于具有种禽生产经营许可证的种禽场。

（2）雏鸡需经产地动物防疫检疫部门检疫合格，达到 GB 16549 的要求。

（3）同一栋鸡舍的所有鸡应来源于同一种鸡场相同批次的鸡。

（4）不得从鸡病疫区引进雏鸡。

（5）运输工具运输前需进行清洗和消毒。

（6）鸡场应有追溯程序，能追溯到鸡出生、孵化的鸡场。

第二节　生态养殖蛋鸡的饲养管理

一、雏鸡的饲养管理

雏鸡生长发育迅速、代谢旺盛，体温调节机能不完善，胃容积小且消化能力弱，胆小怕惊，对外界环境反应敏感，抗病力、抵抗力差。饲养上，要满足营养需要，注意饲喂纤维含量低、易消化的饲料，管理上要不断供给新鲜空气，环境要安静，防止各种异常声响，防止狗、猫和老鼠的伤害，并做好各项卫生防疫、消毒工作，预防疾病发生。育雏方式有地面育雏、网上育雏、小床育雏和笼中育雏。

（一）育雏前的准备

育雏以前应充分做好以下各项准备工作：

1. 准备好育雏舍和育雏设备　育雏舍要求向阳、干燥、保温、通风、门窗严紧，房屋不漏雨，墙壁无裂缝，水泥地面无鼠洞；火炉、保温器、饲槽、饮水器、温湿度计、扫帚、清粪工具、消毒工具等都要准备好。

2. 对育雏舍彻底清洗、消毒

（1）鸡出栏后立即对育雏舍、育雏设备进行清扫、冲洗和消毒，并至少保持2~4周的空舍时间。

（2）鸡舍地面、墙壁、屋顶、门窗、鸡笼和各种用具都要用高压水龙头冲洗，直至肉眼看不见污物。

（3）铁质子网、围栏、料槽等，晾干后用火焰喷枪灼烧消毒。

（4）鸡舍清洗后先用0.03%二氧化氯或2%氢氧化钠溶液消毒，剂量为1 500毫升/米^2，再用福尔马林或过氧乙酸熏蒸消毒。熏蒸消毒前关闭门窗，每立方米空间使用福尔马林30毫升，加入高锰酸钾20克。24小时后打开门窗排出残余气体。熏蒸时在地上洒点水，保持相对湿度，消毒效果好。

（5）鸡笼用0.1%新洁尔灭、0.3%~0.5%的过氧乙酸或0.2%的次氯酸溶液消毒。

3. 鸡舍预热

（1）进雏前1~2天打开加热器，提高育雏舍温度，保证舍温达到育雏温度要求（一般靠近热源处35℃，舍内其他地方最高24℃左右）。观察温度是否均匀平稳，加热器的控温原件是否灵敏，温度计是否准确等。一旦温度达到要求指标时，通过排风扇调整温度，使之保持在32℃。

（2）接雏以前还要将饮用水加好，让水温达到室温。

（3）采用平面育雏时，可用铁网、席子等做成围栏，每400~500只雏鸡一个。育雏2天之后，随着雏鸡日龄的增长，可将围栏的面积不断扩大，10~15天后即可移走围栏。

4. 饲料及药品准备 饲料应按进鸡的品种要求，配制营养全面的饲料，一次配料最好不要超过3天的用量，以免饲料霉变和营养成分损失；为了预防雏鸡发病，应准备好相应的药品和疫苗。

5. 做好人员的培训工作 制订好育雏计划，准备好记录表格等。

（二）雏鸡到达时的安置

雏鸡运到育雏地点后，先在雏鸡舍地面静置半小时左右，以缓解运输应激、逐渐适应鸡舍的温度环境。再根据雏鸡的大小和强弱分群装笼。体质虚弱的雏鸡放置在离热源最近、温度较高的笼层中；少数俯卧不起体质虚弱的雏鸡，则要创造35℃的环境单独饲养。经过3~5天的单独饲养管理，康复后的雏鸡即可放入大群饲养。

（三）雏鸡的饲养

1. 初饮　先饮水后开食。雏鸡到达后的第一次饮水称为“初饮”。初饮的时间是雏鸡到达育雏舍后1小时之内；饮用18~20℃的温开水，切莫饮用低温凉水；可饮用5%葡萄糖水或8%蔗糖水提高应激能力、饮用0.01%~0.05%高锰酸钾水或40万国际单位/200毫升青霉素水，预防疾病；饮水的调教时，用拇指和中指轻轻扣住颈部，食指轻按头部，将喙部按入水盘，注意水不能没及鼻孔，然后迅速抬起鸡头，让水吞咽；饮水器要求分布均匀，高度适中，且在光线明亮处，与料盘交错摆放，平面育雏时饮水器和料盘的距离不要超过1米；饮水器每天清洗1~2次，并消毒。初生雏饮水空间见表4-5。

表4-5　雏鸡饮水位建议空间表

饲养方式	笼养		平养	
周龄	0~4	5~18	0~4	5~18
只/杯式饮水器	16	8	50	25
只/乳头饮水器	16	8	20	19
只/钟式饮水器	50（最少）		150	75
水槽（厘米）/只	12.5	25	12.5	25

2. 开食　雏鸡到达后的第一次吃食称“开食”。适时开食是科学养鸡的技术措施之一。

（1）开食时间。应在初饮之后2~3小时。适宜的开食时间一般在雏鸡出壳后24小时左右，通常鸡群有1/3以上的幼雏有啄食现象即可开食。开食过早雏鸡缺乏食欲且对雏鸡消化器官有害，不利于卵黄的吸收。开食过晚会过度消耗雏鸡体力，使其虚弱，影响以后的生长和成活。开食晚于48小时可明显影响雏鸡的增重。

（2）开食饲料。开食饲料要求新鲜、颗粒大小适中、营养丰富，容易消化。常用的有新鲜小米、碎玉米、碎大米等，最好用营养全价的雏鸡配合料直接开食。不同类型雏鸡的喂料量见表4-6。

表4-6　不同类型雏鸡的喂料量

周龄	白壳蛋鸡		褐壳蛋鸡	
	日耗料（克/只）	周累计耗料（克/只）	日耗料（克/只）	周累计耗料（克/只）
1	7	49	12	84
2	14	147	19	217
3	22	301	25	392
4	28	497	31	609
5	36	749	37	868
6	43	1 050	43	1 169

（3）开食方法。开食前，先给雏鸡供给清洁温水2~3小时，最好是5%葡萄糖水。然后将浅而平的料盘、塑料布、报纸等放在光线明亮处，将料反复抛撒几次，引诱雏鸡啄食。料盘或塑料布一定要足够大，以便所有雏鸡能够同时采食。育雏第一天饲养员要多次检查雏鸡嗉囊，以鉴定是否已经开食和开食后是否吃饱。

（4）饲喂次数。坚持少喂勤添，第一天2~3次，以后每天饲喂5~6次；6周以后逐步过渡到4次，喂料时间为早晨5时半，上午8时半；中午11时半；下午2时半，5时半；晚上10时半。喂食时间要稳定，不要轻易变动。

（5）料槽的更换。2~3天后应逐渐增加料槽，待雏鸡习惯料槽时，撤去料盘或塑料布。0~3 周后使用幼雏料槽，3~6 周龄使用中型料槽，6 周龄以后逐步改用大型料槽。

3. 雏鸡喂料量　第一周内 1 只雏鸡 1 天喂 10 克饲料，第四周起 1 只雏鸡 1 天喂 25 克饲料，第六周起 1 只雏鸡 1 天喂 35 克饲料。每天的料应基本吃完，不要剩料，以免养成雏鸡挑食，造成营养不均衡。

（四）雏鸡的管理

雏鸡的管理条件有合适的温度、适宜的湿度、正确的光照制度、新鲜的空气、合理的饲养密度、严格的卫生和防疫制度；雏鸡生长发育（鸡只精神、采食、饮水、粪便等）的观察和称重；生产记录的填写等。日常管理工作的好坏是育雏成败的关键环节之一。

1. 温度

（1）适宜的温度是育雏成功的首要条件，必须严格正确地掌握，切忌过高过低或忽高忽低。温度过高影响其正常代谢，导致雏鸡食欲减退、体质变弱、生长发育缓慢；过低则易导致感冒，诱发鸡白痢。

（2）环境温度包含育雏室和育雏器的温度和湿度（表 4-7）。

表 4-7　育雏阶段环境温度、湿度

日龄	温度（℃）		相对湿度（%）
	鸡舍内	育雏器内	
0~3	28~30	33~35	70
4~7	27~29	31~32	70
8~14	26~28	29~30	60
15~21	24~26	27~28	60
22~28	22~24	25~27	55~60
29~35	20~22	22~23	55~60
36~42	18~20	18~20	55~60

注：表中上限为夜间雏鸡休息睡眠温度，下限为雏鸡白天活动采食时温度；保温伞育雏时测定伞半径 1/2 处离地面 5 厘米高度处的温度，重叠式电热育雏笼时测定给

温笼和保温笼交界处距底网5厘米高度处的温度；室内温度，测定离地1米高走道处的温度。

（3）观察雏鸡在育雏器内的活动和行为状态是检验温度适合程度的最客观和直观的方法，不同温度条件下的雏鸡状态见表4-8。

表4-8　不同温度条件下的雏鸡状态

温度状态	雏鸡表现
环境温度适宜	雏鸡分布均匀，活泼好动、食欲良好，饮水适度，羽毛光亮整洁，粪便正常，休息时俯卧于保温伞周围或育雏笼底网上，头颈伸展，嘴贴地，有时翅膀延伸开，侧卧熟睡，无异常状态或叫声
育雏温度过低	雏鸡靠近热源或扎堆，羽毛蓬乱，行动缓慢，精神状态差，不时发出尖锐、短促的鸣叫，不能安静休息
育雏温度过高	雏鸡远离热源，精神不振，张口喘气，饮水量增加，采食量显著减少

（4）随着日龄的增加，当温度降低至室内外温差不大时，即进行脱温；脱温一般选择风和日丽的晴天，鸡群健康无病时进行，避开免疫、转群、更换饲料等各种逆境；脱温要逐渐进行，用3~5天的时间逐渐撤离保温设施；脱温后雏鸡舍要保持干燥，料槽和饮水器等设施尽量维持原貌，减轻雏鸡的不适应感。

2. 湿度　常用干湿球温度表监测湿度，添加到湿球水盒的水为蒸馏水或凉开水。雏鸡不同日龄适宜的湿度环境可参见表4-7。

可在鸡舍地面上洒水，摆放一定数量的水盘，将湿布或湿麻袋搭在走道和四周墙壁铁丝上，在火炉等热源上放置水壶、水盆等用蒸汽补充湿度，进行湿度调节。另外，饮水器中要保持饮水不断。

3. 光照　合理的光照制度能加强雏鸡的代谢活动，增进食欲，有助于钙、磷的吸收，促进雏鸡骨骼的发育，提高机体免疫力。应从雏鸡出壳就开始合理的光照。

密闭鸡舍的光照时间和光照强度见表 4-9；开放式鸡舍需要考虑当地日照时间的变化而制定光照时间表。我国各地各个月份的日照时数见表 4-10。开放式鸡舍在育雏前 3 天仍需 23 小时光照，育雏 4 日龄至 18 周龄，根据所在地的纬度和 19 周龄所处的自然月份，从表 4-10 中查出表中日照时数为标准以决定光照时间。4 日龄至 18 周龄的光照时数，可以由长变短至此数，也可恒定于此时数。

表 4-9　密闭式鸡舍蛋雏鸡的光照制度

日龄	光照时间（小时）	光照强度（勒克斯）
0~2	24	30~40
3	23	30~40
4	22	20~30
5	21	20~30
6	20	20
7	19	20
8	18	20
9	17	20
10~14	16	20
15~21	15	20
22~42	14 或 14~18	20

表 4-10　开放式鸡舍光照时间推算表

纬度(北半球)		50°~55°	45°~50°	40°~45°	35°~40°	30°~35°	25°~30°	10~18 周龄光照制度
周	日期	日照时数（小时）						
1	1月4日	8：00	8：30	9：10	9：40	10：10	10：30	自然光照日间即可
2	1月11日	8：10	8：40	9：20	9：40	10：10	10：30	
3	1月18日	8：20	8：50	9：30	10：00	10：20	10：40	
4	1月25日	8：40	9：10	9：40	10：10	10：30	10：40	

续表

纬度(北半球)		50°~55°	45°~50°	40°~45°	35°~40°	30°~35°	25°~30°	10~18 周龄光照制度
周	日期	日照时数（小时）						
5	2月1日	9：00	9：30	10：00	10：20	10：40	11：00	12 月和 1 月补光照至日照时数
6	2月8日	9：30	10：00	10：10	10：30	10：50	11：00	
7	2月15日	10：00	10：20	10：30	10：40	11：00	11：10	
8	2月22日	10：20	10：40	10：50	11：00	11：10	11：20	
9	3月1日	10：50	11：00	11：10	11：20	11：30	11：30	补光照至日照时数
10	3月8日	11：20	11：30	11：30	11：40	11：40	11：40	
11	3月15日	11：50	11：50	11：50	12：00	11：50	11：50	
12	3月22日	12：10	12：10	12：10	12：10	12：10	12：10	
13	3月29日	12：40	12：40	12：30	12：30	12：20	12：20	
14	4月5日	13：10	13：00	12：50	12：50	12：40	12：30	补光照至日照时数
15	4月12日	13：40	13：20	13：20	13：00	13：00	12：40	
16	4月19日	14：20	13：40	13：30	13：20	13：10	12：50	
17	4月26日	14：30	14：00	13：50	13：50	13：20	13：00	
18	5月3日	15：00	14：30	14：20	13：50	13：30	13：10	补光照至日照时数
19	5月10日	15：20	14：50	14：20	14：00	13：40	13：20	
20	5月17日	15：50	15：10	14：40	14：20	13：50	13：30	
21	5月24日	16：10	15：30	15：00	14：30	4：00	13：40	
22	5月31日	16：20	15：30	15：10	14：40	14：10	13：40	
23	6月7日	16：30	15：40	15：10	14：40	14：10	13：40	补光照至日照时数
24	6月14日	16：40	15：40	15：20	14：40	14：10	13：50	
25	6月21日	16：40	15：50	15：20	14：40	14：20	13：50	
26	6月28日	16：40	16：00	15：20	14：40	14：20	13：50	
27	7月5日	16：30	15：50	15：10	14：40	14：20	13：50	补光照至日照时数
28	7月12日	16：20	15：50	15：10	14：40	14：20	13：50	
29	7月19日	16：10	15：30	15：10	14：30	14：20	13：40	
30	7月26日	15：50	15：20	14：40	14：20	14：00	13：30	

续表

纬度(北半球)		50°~55°	45°~50°	40°~45°	35°~40°	30°~35°	25°~30°	10~18 周龄光照制度
周	日期	日照时数（小时）						
31	8月2日	15：30	14：50	14：30	14：10	13：50	13：30	6月前补光照至6月补光照至日照时数，以后自然光照
32	8月9日	14：50	14：50	14：10	13：50	13：30	13：20	
33	8月16日	14：30	14：10	13：50	13：40	13：20	13：10	
34	8月23日	14：00	13：50	13：30	13：20	13：10	13：00	
35	8月30日	13：40	13：30	13：20	13：10	13：00	12：50	
36	9月6日	13：20	13：10	13：00	12：30	12：40	12：40	补光照至日照时数，以后自然光照
37	9月13日	12：50	12：40	12：40	12：30	12：30	12：30	
38	9月27日	12：00	11：50	11：50	12：00	12：00	12：10	
39	9月30日	12：30	12：10	12：10	12：10	12：10	12：20	
40	10月4日	11：20	11：30	11：30	11：40	11：50	11：50	自然光照
41	10月11日	10：50	11：00	11：20	11：20	11：30	11：40	
42	10月18日	10：30	10：40	11：00	11：10	11：20	11：30	
43	10月25日	10：00	10：20	10：40	11：00	11：10	11：20	
44	11月1日	9：40	10：00	10：20	10：40	11：00	11：10	自然光照
45	11月8日	9：10	9：40	10：00	10：20	10：40	11：00	
46	11月15日	8：50	9：20	9：40	10：10	10：30	10：50	
47	11月22日	8：30	9：00	9：30	10：00	10：20	10：40	
48	11月29日	8：10	8：40	9：20	9：50	10：10	10：30	
49	12月6日	8：00	8：30	9：10	9：40	10：10	10：20	自然光照
50	12月13日	7：50	8：20	9：00	9：40	10：00	10：20	
51	12月20日	7：40	8：20	9：00	9：40	10：00	10：20	
52	12月27日	7：50	8：20	9：00	9：40	10：00	10：20	

4. 饲养密度　密度是指育雏舍内每平方米容纳的雏鸡数。密度过大，鸡群拥挤，吃食不均，发育不整齐。饲养密度要根据鸡舍的构造、通风及饲养条件等具体情况灵活掌握。饲养密度见表4-11。

表 4-11　不同育雏方式的雏鸡饲养密度

地面平养		网上平养		立体笼养	
周龄	密度（只/米^2）	周龄	密度（只/米^2）	周龄	密度（只/米^2）
		0~1	60		
0~6	20	1~3	40	0~6	24
6~12	10	3~6	34	6~18	14
12~20	5	6~11	24		
		11~20	14		

5. 通风　保持鸡舍内的空气新鲜是雏鸡正常生长发育的重要条件之一。雏鸡呼吸时，排出二氧化碳，粪便也发出臭味（氨气和二氧化硫等），有害气体会刺激鸡的气管、食道、眼睛等敏感部位，发生呼吸道疾病。因此一定要通风，保持空气清新。通风的办法是经常开窗换气，或安装通风机，每日清除粪便。通风换气的具体要求见表 4-12。

表 4-12　鸡舍的换气量和气流速度

季节	换气量	气流速度	备注
冬季	每千克体重 0.7~1 米^3/小时	0.2~0.3 米/秒	(1) 如果早晨进入鸡舍感觉臭味大，时间稍长又有刺眼感觉，表明氨气的浓度和二氧化碳含量超标，需要通风 (2) 鸡舍内空气质量标准以人进入鸡舍内无明显臭气，无刺鼻、涩眼之感，不感觉胸闷、憋气为宜
春秋	每千克体重 1.5~2.5 米^3/小时	0.3~0.4 米/秒	
夏季	每千克体重 5 米^3/小时	0.6~0.8 米/秒	

6. 断喙　断喙用切喙器或烙铁把雏鸡的嘴尖切下来。上喙切除从嘴尖到鼻孔的 1/2，下喙切掉前端的 1/3。切时注意不要把舌头切掉。断喙的目的是防止鸡采食时饲料的浪费及啄羽、啄

趾、啄肛等恶癖的发生。第一次断喙在6~10日龄时进行，第二次断喙（补断）一般在8~12周龄进行（针对第一次断喙时断喙太轻和因体质较弱第一次未断喙的雏鸡）。

雏鸡免疫前后两天或鸡群健康状况不良时，不宜进行断喙；断喙前1天和断喙后2天，每千克饲料中添加2~3毫克维生素K和150毫克维生素C；断喙刀片的适宜温度为600~800℃。断喙速度以每分钟15只左右的鸡为宜；断喙后3天内供给充足饮水和饲料。

7. 分群　第2周龄末和第4周龄末，分别将体重大、体质强壮的雏鸡往下层分，体重小、体质弱的雏鸡分在上层。通过加强对弱小雏鸡的管理，提高鸡群的均匀度，日常管理工作中还要注意经常性地调整鸡群。

8. 啄癖防制　环境因素不良（高温、空气污浊或饲养密度太大）、饲料中蛋白质水平过低或某些矿物质（硫、氯化钠等）不足、光照强度过强、雏鸡体表寄生虫侵袭等原因可引发啄癖。要认真查找啄癖原因，并将具有啄癖的鸡抓出，隔离饲养或者淘汰，以免其他鸡只效仿其恶习；进行断喙；降低光照强度。

9. 严格的卫生和防疫　雏鸡死亡原因很多，如鸡白痢、脐炎、脱水、感冒、维生素缺乏、鼠害及啄死。全进全出制、严格的消毒和隔离制度是防病主要措施。免疫是防治病毒性传染病和一些细菌性传染病最有效的方法。常见疫病的药物预防和常见疫病的预防接种详见无公害鸡蛋安全生产的兽医防疫技术。

10. 加强鸡群的日常观察，做好管理记录　观察鸡群是日常管理工作的重要环节。只有认真观察鸡群，才能准确掌握鸡群的动态，熟悉鸡群的情况，保证鸡只健康生长。观察鸡群的主要内容包括采食情况、精神状况、雏鸡的叫声、粪便形状与颜色、雏鸡的外形外貌、呼吸状况、啄伤及异食现象等。病、伤鸡要及时捉出，放置在隔离栏（笼）内进一步观察。如果发现相同或相似病症在鸡群中蔓延扩展迅速，就必须立即请兽医诊治，以免贻误病情。

育雏育成鸡管理记录表见表4-13。

表4-13　育雏育成鸡的管理记录表

日期	日龄	鸡数（只）			喂料量	温度	湿度	备注
		期初鸡数	死亡数	淘汰数				
周合计								
周合计								
周合计								
周合计								

（五）育雏效果的评价

雏鸡成活率、育成鸡成活率是检查育雏成绩优劣的重要指标。质量良好的雏鸡，整个育雏期的成活率应在98%以上。检查雏鸡生长发育的好坏，往往以体重为标准。各阶段标准体重是检查饲喂是否合理的依据。育雏育成阶段的大致体重与日粮消耗见表4-14。均匀度在80%以上的鸡群是很好的鸡群，均匀度在70%~75%的鸡群为一般鸡群，均匀度不足70%的鸡群为较差的鸡群。

表 4-14　蛋鸡育雏育成阶段的大致体重与日粮消耗

周龄	体重（克/只）	每日饲料消耗（克/只）	日粮消耗累计（克/只）	周龄	体重（克/只）	每日饲料消耗（克/只）	日粮消耗累计（克/只）
1	60~90	11~12	77~84	11	750~820	48~61	2 338~2 793
2	110~155	12~13	161~175	12	820~890	50~64	2 688~3 241
3	170~230	16~19	273~308	13	860~950	52~67	3 052~3 710
4	255~320	20~23	413~469	14	930~1 020	54~70	3 430~4 200
5	330~395	28~32	609~693	15	1 000~1 090	56~73	3 822~4 711
6	410~480	36~40	861~973	16	1 040~1 160	58~74	4 228~5 229
7	480~560	37~43	1 120~1 274	17	1 090~1 230	59~76	4 641~6 761
8	590~630	38~47	1 386~1 603	18	1 135~1 270	60~77	5 061~6 300
9	650~700	42~52	1 680~1 967	19	1 200~1 340	63~79	5 502~6 858
10	700~750	46~57	2 002~2 366	20	1 270~1 410	66~81	5 964~7 420

二、育成鸡饲养管理

育成鸡是指 7~20 周龄的鸡。针对育成鸡的生理特点（能自身调节体温、消化功能健全、骨骼和肌肉的生长都处于旺盛时期、性器官发育迅速），饲养管理的关键是促进育成鸡体成熟的进程，保障育成鸡健壮的体质；控制性成熟的速度，避免性早熟；合理饲喂，防止脂肪过早沉积而导致鸡只过肥。

（一）育成鸡的饲养

1. 育成鸡的饲养方式　育成鸡的饲养方式有平养、板条（金属网）和平养结合、全板条（金属网地面）及笼养。

2. 育成鸡的营养需要　育成鸡 7~14 周龄阶段需要较高的能量、蛋白质和维生素；15~18 周龄阶段饲料养分浓度可适当降低，即饲料可以“粗”一些。育成鸡的营养需要见表 4-15。

表 4-15　育成鸡的营养需要

7~14 周龄阶段育成鸡营养需要		15~18 周龄阶段育成鸡营养需要	
代谢能	11.72 兆焦/千克	代谢能	11.08~11.29 兆焦/千克
粗蛋白质	16%~16.5%	粗蛋白质	14%~15%
粗纤维	小于 5%	粗纤维	7%~8%

3. 体重控制与限制饲喂　限制饲喂就是有意识控制饲料投喂量，并限制饲料的能量和蛋白质水平，以防止育成阶段体重过大，成熟过早，成年后产蛋量减少的一种饲喂方法。限饲目的是控制生长发育速度，保持鸡群体重的正常增长；延迟性成熟，提高进入产蛋期后的生产性能；节省饲料，降低饲养成本；降低产蛋期间的死亡率。

（1）限饲对象、时间等见表 4-16，常用的限制饲养方法见表 4-17。

表 4-16　育成鸡的限制饲喂

项目	方法与要求
限饲对象	体重高于标准体重的育成鸡、分群后体重超过标准体重的大鸡及体重偏重的中型品种鸡，在育成阶段采取限制饲养
限饲时间	一般从 8~10 周龄开始，直到 17~18 周龄结束
限饲方法	蛋鸡常用的是限量法和限质法，具体方法见表 4-17

表 4-17　蛋鸡常用限制饲养的方法

名称	具体方法	备注
限量法	日喂料量按自由采食的 90% 喂给	日喂料量减少 10%左右，但必须保证每周增重不低于标准体重。若达不到标准体重，易导致产蛋期产蛋量减少，死亡率增加

续表

名称	具体方法	备注
限质法	日粮能量水平降低至9.2兆焦/千克，粗蛋白质降至10%~11%，同时提高日粮中粗纤维的含量，使之达到7%~8%	配制日粮时，适当限制某种营养成分的添加量，造成日粮营养成分的不足。例如，低能量日粮、低蛋白质日粮或低赖氨酸日粮等，减少鸡只脂肪沉积。该方法管理容易，无须断喙和称重，但鸡的体重难以控制

（2）限饲时的注意事项。限饲方式可根据季节和品种进行调整，如炎热季节由于能量消耗较少，可采用每天限饲，矮小型蛋鸡的限饲时间一般不超过4周。

限饲前，必须对鸡群进行选择分群，将病鸡和弱鸡挑选出来；限饲期间，必须有充足的料槽、水槽。若有预防接种、疾病等应激发生，则停止限饲。若应激为某些管理操作所引起，则应在进行该操作前后各2~3天使鸡只自由采食。采用限量法限饲时，要保证鸡只饲喂营养平衡的全价日粮。定期抽测称重，一般每隔1~2周随机抽取鸡群的1%~5%进行空腹称重，通过抽样称重检测限饲效果。若超过标准体重的1%，下周则减料1%；反之，则增料1%。

（二）育成鸡的管理

育成鸡的管理技术要求严而细，既让鸡生长又要适当控制生长，既要早熟又要控制早熟。

1. 转群　雏鸡满6周龄时应转到育成鸡舍或育成笼内。如果育雏和育成在同一鸡舍则不存在转群。转群时应严格淘汰病、弱、残鸡，保证鸡群健壮整齐。气温不冷不热的时间段开始转群。

转群前必须对鸡舍及器具进行维修和清洗消毒，准备足够的育成鸡舍，配备好用具。转群前2~3天，饲料中各种维生素的含量要加倍，同时给鸡只饮用电解质溶液；转群前6~8小时停料。转群后当天充分采食和饮水；转群时，抓鸡的动作要轻柔，转群后饲养员要勤于观察鸡群的动态。转群后7天不要进行预防接种；冬季转群应在中午进行。

2. 饲养密度 无论是平面饲养还是笼养，育成鸡都要保持适宜的密度。网上平养鸡，饲养密度为10~12只/米^2；笼养鸡，按照笼底面积计算，15~16只/米^2，从脱温开始逐渐缩小饲养密度，使整个育成期一直保持适当密度。

3. 通风 育成鸡的生长速度快，采食量增加，呼吸和排粪量相应增多，鸡舍内的空气容易污浊。如果通风不好，则鸡只的羽毛生长不良，饲料转化率下降，生长发育缓慢，整体均匀度比较低，容易诱发呼吸道疾病。其具体的通风量见表4-12。

4. 光照 必须根据出雏日期、鸡舍类型和条件，制定一个切实可行的光照管理制度。育成鸡光照管理的两项重要原则是：光照时数应由长变短或者保持恒定；光照强度应由强变弱。育成期光照强度以5~10勒克斯（1.3~2.7瓦/米^2）为宜，不要经常变换。每天光照时间不超过12小时。不要在红光中饲养育成鸡。密闭鸡舍光照制度的安排见表4-9，开放鸡舍利用自然光照的鸡群其光照管理见表4-10。

5. 温度与湿度 随鸡日龄的增大，鸡舍内的温度要逐渐降低。其适宜温度为16℃左右，相对湿度为60%。

6. 育成鸡日粮过渡 育成鸡更换饲料过渡的方法如下：

（1）5周龄或7周龄第1~2天，2/3的雏鸡料和1/3的育成鸡料混合饲喂。

（2）5周龄或7周龄第3~4天，1/2的雏鸡料和1/2的育成鸡料混合饲喂。

（3）5周龄或7周龄第5~6天，1/3的雏鸡料和2/3的育成鸡料混合饲喂，此后饲喂育成鸡料。

（4）饲料的更换以体重和跖长指标为准。在6周龄末，分别检查雏鸡的体重及跖长是否达到标准。若符合标准，7周龄后开始更换饲料；若达不到标准，则继续饲喂育雏料，直到达标为止。

7. 预防啄癖　防治啄癖也是育成鸡管理的一个重点。育成鸡常见的啄癖有啄羽、啄趾、啄尾、啄背、啄头等，主要由于日粮营养不全，尤其是无机盐和微量元素缺乏、饲养密度过大、光照强度过强、通风不良引起。育成鸡啄癖的防治不能单纯依靠断喙，应配合改善室内环境、降低饲养密度、改进日粮成分、采用5勒克斯光照等多项措施。对于已经断喙的鸡，在转群前应捡出早期断喙不当或捕捉时遗漏的鸡，进行补切。

8. 驱虫、防疫　驱虫不但能减少饲料浪费，降低成本，还能有效预防鸡的各种肠道寄生虫病和部分原虫病，确保鸡群健康。一般7~9周龄1次、17~19周龄1次。每10只鸡用左旋咪唑5~6克拌料，一次投服，或用鸡虫净片按体重内服（0.75~1.5千克体重服1片，2千克以上服2片）。

在育成阶段，青年鸡正处于生长阶段，加之实行限制饲喂等措施，容易造成饲养逆境，鸡体抵抗力较弱，常易发生一些疾病。疫苗接种工作应认真负责，免疫剂量、使用方式和时间应完全正确，最好能够监测产生抗体的滴度与均匀度。常见疫病的药物预防和常见疫病的预防接种详见蛋鸡健康安全控制部分。

9. 选择和淘汰　对鸡的选择和淘汰可结合转群进行，也可在育成期进行。选择的标准要根据体重、体形、外貌进行选择。对于经过加强饲养管理仍然达不到生产标准的鸡，以及有病、受伤、畸形鸡，应将其剔除。

10. 添喂沙砾　添加目的是提高鸡只胃肠的消化功能，改善饲料转化率；沙砾既可以拌入日粮中，也可以单独放在沙槽内任鸡自由采食；添喂前用清水冲洗干净，并用0.01%高锰酸钾消毒。添加量为：

（1）每 1 000 只育成鸡，5~8 周龄一次饲喂量为 4.5 千克，沙砾能够通过 1 毫米筛孔。

（2）9~12 周龄 9 千克，沙砾能通过 3 毫米筛孔。

（3）13~20 周龄 11 千克，沙砾能通过 3 毫米筛孔。

11. 开产前的饲养管理要点 在育成后期开产前 10 天或当鸡群见第一枚蛋时应该补钙，将日粮中的钙水平提高到 2%左右。其中，至少有 1/2 的钙以颗粒状石灰石或贝壳粒供给，直到鸡群产蛋率达 5%时，再将生长鸡饲料逐渐改换成产蛋鸡饲料。

在 18 周龄时，对于达不到标准体重的鸡群，将原来限饲的改为自由采食，原为自由采食的则提高日粮蛋白质和代谢能水平，以便鸡开产时尽可能达到标准。原定 18 周龄增加光照的，可推迟到 19~20 周龄。鸡群一经开始产蛋就应自由采食，直到产蛋高峰后 2 周。

12. 体重与均匀度的测定

（1）均匀度测定。鸡群的均匀度是指群体中体重落在平均体重±10%范围内鸡只所占的百分比。鸡群均匀度在 70%~76%时为合格，77%~83%时为较好，达到 84%~90%时为最好。若鸡群内的体重差异较小，说明鸡群发育整齐，性成熟也能同期化，开产时间一致，产蛋高峰期高且维持时间长。在评定鸡群均匀度时，必须根据标准体重范围评价育成鸡群体的优劣，全群鸡必须均匀一致。

（2）体重测定。轻型鸡从 6 周龄开始每隔 1~2 周称重 1 次，中型鸡从 4 周龄后每隔 1~2 周称重 1 次。称测体重的鸡只数量万只鸡按 1%抽样，小群按 5%抽样，但不能少于 50 只鸡。注意：抽样要有代表性。对于笼养鸡，必须在鸡舍的不同区域抽样，不同层次均要抽取，且每层笼取样数量相等。体重测定安排在相同时间内进行。例如，周末早晨空腹测定，称完体重以后再喂料。

13. 育成鸡的饲养管理简表 见表4-18。

表4-18 育成鸡的饲养管理简表

周龄	日龄（天）	饲养密度（只/米^2）	平均每只每天耗料量（克）		平均每只周末体重（克）		管理要点	防疫措施
			轻型母雏	中型母雏	轻型母雏	中型母雏		
7	43~49	14	39.0	45.4	490	670	做好饲料更换工作，淘汰病、弱、小、残母雏	鸡疫苗免疫接种
8	50~56	14	40.8	47.6	580	790		
9	57~63	8	40.8	49.9	660	870	开始控制体重，减小饲养密度	地面平养鸡要驱蛔虫，每千克体重0.25克驱蛔灵，拌入饲料中服用
10	64~69	8	45.4	52.2	740	970	如果6~10日龄未断喙，可在10~12周龄进行	2月龄后可用新城疫Ⅰ系苗注射免疫
11	70~77	8	49.9	54.4	810	1 050	强化饲养管理工作，观察鸡群、粪便的变化情况，预防球虫病的发生	养鸡数量多者可用Ⅵ系苗饮水或气雾免疫
12	78~84	8	49.9	56.7	880	1 130		

续表

周龄	日龄（天）	饲养密度（只/米²）	平均每只每天耗料量（克）		平均每只周末体重（克）		管理要点	防疫措施
			轻型母雏	中型母雏	轻型母雏	中型母雏		
13	85~91	8	54.4	59.0	950	1 210	可以适当降低饲料营养成分	
14	92~98	8	54.4	61.2	1 020	1 280		
15	99~105	8	59.0	63.5	1 080	1 360	如果蛋鸡笼养，可在17~20周龄期间转群、上笼，一般夜间进行为好	4月龄后鸡只上笼时，可再用新城疫Ⅰ系苗免疫
16	106~112	8	59.0	65.8	1 130	1 430		
17	113~119	8	63.5	68.0	1 180	1 500		
18	120~126	8	63.5	70.3	1 220	1 560	在18、19周龄可根据光照情况每月增加1小时。转群前对断喙不合格者再行断喙；转群时称重，测定鸡群均匀度；淘汰病、弱、小、残母雏	做好转群的预防应激工作，饲料中可添加土霉素和多种维生素。鸡群数量大时，可用新城疫Ⅱ系苗饮水或气雾免疫，以后每隔3个月免疫1次
19	127~133	6	68.0	72.6	1 260	1 620		
20	134~140	6	68.0	74.8	1 290	1 680		

三、产蛋鸡饲养管理

产蛋期一般为21~72周龄，高产鸡推迟到76周龄或78周龄。此阶段的主要任务是在客观条件许可的范围内，最大限度地减少或消除各种不利因素对蛋鸡的有害影响，尽可能创造一个利于鸡群高产、稳产的适宜生活环境，充分发挥蛋鸡的生产性能，获取最大的经济效益。

产蛋鸡每天必须有 14~16 小时的光照时间，最短不少于 13 小时，最长不超过 17 小时。产蛋期间增加光照时间以每周 15 分钟或每两周 0.5 小时的增长速率为好，直到 16 小时为止。白壳蛋鸡人工补充光照时，光照强度以每平方米 10 勒克斯（或 3 瓦）为好；灯距 3 米，高 2 米，25 瓦灯泡 1 个。褐壳蛋鸡以每平方米 15 勒克斯（或 5 瓦）为好；灯距 3~3.5 米，高 2 米，40 瓦灯泡 1 个，灯泡最好安上灯罩，并经常擦拭，以免灰尘遮光。

产蛋鸡舍适宜温度是 20~25℃，相对湿度为 60%~65%。产蛋鸡舍的通风量，按蛋鸡的体重、气温高低进行调节。具体见表 4-19。

表 4-19　蛋鸡的通风量［米^3/（只·小时）］

气温（℃）	体重（千克）	
	1.6	2.0
0	2.3	2.9
10	3.6	4.5
20	4.9	6.1
30	6.2	7.7
40	7.5	9.4

（一）阶段饲养法

蛋鸡产蛋期间的阶段饲养是根据鸡群的产蛋水平和产蛋周龄将产蛋期分为几个不同的阶段，并根据环境温度的不同饲喂不同营养水平的蛋白质、能量日粮，科学饲养，使蛋鸡饲养更趋于合理并减少饲料蛋白质的消耗，提高蛋鸡养殖的经济效益。

表 4-20　产蛋鸡的阶段饲养法

<table>
<tr><th colspan="2">方法</th><th>营养要求</th></tr>
<tr><td colspan="2">两阶段饲养法</td><td>以 50 周龄为界将产蛋期划分为两个阶段
(1) 50 周龄以前，日粮蛋白质水平控制在 16%～17%
(2) 50 周龄以后，日粮蛋白质水平控制在 14%～15%，但注意钙水平的提高</td></tr>
<tr><td rowspan="2">三阶段饲养法</td><td>根据产蛋水平的高低分段饲养</td><td>(1) 产蛋率低于 65%为第一阶段，饲料中的蛋白质水平为 14%
(2) 产蛋率介于 65%～80%为第二阶段，饲料中的蛋白质水平为 15%
(3) 产蛋率高于 80%为第三阶段，饲料中的蛋白质水平为 16.5%</td></tr>
<tr><td>根据年龄大小分段饲养</td><td>(1) 20～42 周龄为第一阶段，饲料中的蛋白质水平为 18%
(2) 43～62 周龄为第二阶段，饲料中的蛋白质水平为 16.5%～17%
(3) 63 周龄以后为第三阶段，饲料中的蛋白质水平为 15%～16%</td></tr>
</table>

1. 产蛋前期的饲养管理　产蛋前期母鸡的繁殖功能旺盛，代谢强度大，摄入的营养物质主要是用于产蛋，但鸡的抵抗力差，很易感染疾病，应加强防疫卫生工作，但要避免接种疫苗和驱虫。母鸡的产蛋率每周增加 20%～30%；平均体重每周要增加 30～40 克，蛋重每周增加 1.2 克左右。这一时期饲料营养水平必须满足产蛋需求，一定要喂给营养完善、品质优良的日粮。注意提高日粮中蛋白质、代谢能和钙的浓度。每日每只鸡需要供给优质蛋白质 18 克，代谢能 1.26 兆焦。具体的饲养管理方法见表 4-21。

表 4-21　产蛋前期母鸡的饲养管理

项目	方法与要求
日粮过渡	鸡群的产蛋率达到 5%时，逐渐将育成后期的饲料更换成产蛋鸡料，同时增加光照时间。定期喂沙砾，每隔 4 周在日粮中加入不溶性沙砾 700 克/100 只鸡，以直径 4~5 毫米为宜
光照管理	对于体质健壮、达标、均匀度良好的鸡群，光照增加快一些，否则增加速度放慢。密闭式鸡舍光照增加速度以每周 0.5~1 小时为宜；开放式鸡舍采用自然光照辅助人工光照，可参照表 4-9、表 4-10
体重监测	产蛋前期定期称量母鸡的体重。若发现体重低于鸡种推荐标准的下限或超过推荐标准上限 10%时，需及时采取相应措施，以维持鸡只良好的体况
调笼与分群	经常调整鸡群。①将体重较轻、冠髯较小且颜色不够红润的母鸡从鸡群中挑出，集中安置在中上层靠近光源处饲养。②必要时单独增加日粮的蛋白质水平，使其快速生长发育，提早产蛋
蛋重测定	母鸡开产后蛋重的增加具有一定的规律性，若平均蛋重达不到品种标准，必须及时调查产生的原因、及时纠正
啄癖的防治	产蛋前期为啄癖的易发时期。防治措施有：控制营养，避免蛋重过大，使蛋能够顺利产出；保证鸡的饲料和饮水，不能长时间空槽和断水；保持舍的安静环境，使鸡安静产蛋；保持适宜的光照强度；合理通风，注意鸡舍空气清新；合理进鸡，保证适宜的饲养密度

2. 产蛋高峰期的饲养管理　一般将蛋鸡开产后产蛋率达到 80%以上的时期称为产蛋高峰期。一般可持续 6 个月或更长。高峰期的产蛋率与全年的产蛋量呈强的正相关，因而必须想方设法提高高峰期母鸡的产蛋率，并且维持产蛋高峰期的时间，以提高鸡群的产蛋量（表 4-22）。

表 4-22　母鸡产蛋高峰期的饲养管理

管理措施	方法或要求
满足产蛋鸡所需的环境条件	（1）轻型鸡每日每只进食粗蛋白质 17~18 克，中型鸡每日每只进食粗蛋白质 19~20 克；轻型鸡的代谢能不低于 1 225 千焦，中型鸡不低于 1 381 千焦。保证营养满足产蛋与增重的需要 （2）保证饲料质量的相对稳定。尤其是日粮蛋白质、钙、磷、维生素 A、维生素 D_3、维生素 E 等的含量 （3）定期检查体重和蛋重。每周检查鸡群的体重、蛋重，以便及时了解营养状况的管理条件
保持稳定的饲养制度	（1）产蛋期间每天的喂料时间、捡蛋时间、清粪时间等作业程序必须固定，不可随意颠倒顺序或忽早忽晚 （2）饲养员要相对稳定，不能轻易更换，以免对鸡群产生不良应激
尽量避免应激反应	饲养管理的操作程序要稳定，避免饲料、疾病、天气突变和严重惊吓等应激因素的发生。高峰期的产蛋有一定规律，在高峰期产蛋率一旦下降就难以恢复

3. 产蛋后期的饲养管理　当鸡群产蛋率下降到 80%以下时，就应逐渐转入产蛋后期的饲养管理，目的是使产蛋率尽量保持缓慢的下降，且要保证蛋壳的质量。主要措施是给蛋鸡提供适宜的环境条件，保持环境的稳定、对产蛋高峰过后的鸡进行限制饲养、蛋鸡淘汰前 2 周将光照时间增加到 18 小时。产蛋后期饲养管理见表 4-23。

表 4–23　产蛋后期的饲养管理

项目		方法或要求
限制饲喂	限饲时间	一般在产蛋高峰期过后 2 周
	限饲方法	（1）质的限饲。控制日粮能量和蛋白质水平，一般能量摄入量可以降低 5%～10%，蛋白质水平降至 12%～14%。日粮中钙的配比增加到 3.6%，高温（33℃）时可提高到 3.7%，一般不宜超过 4% （2）量的限饲。以减少不超过正常食量的 10%为最适宜
	限饲目的	（1）维持蛋鸡适宜的体重，有利于发挥生产潜力 （2）降低饲料成本

（二）产蛋鸡季节管理

不同季节的温度、湿度等环境因素有很大差别，为了减轻环境变化对母鸡产蛋量的不良影响，蛋鸡不同季节的饲养管理应采取相应的措施。

1. 春季　重点是防止气温突然变化给鸡群造成的不良影响，同时必须加强卫生防疫管理。采取的措施如下：

（1）根据产蛋率的变化情况，及时调整日粮的营养水平，使之适合产蛋变化时鸡只的营养需求。

（2）防止因刮大风、倒春寒等现象造成鸡舍温度发生剧烈变化和鸡舍内气流速度过急引起的冷应激。在注意保暖的同时要适当通风换气，根据气温高低和风向决定开启窗户的次数。

（3）在初春时节对鸡场进行一次大扫除，并进行一次彻底的环境消毒工作，笼养鸡，要及时清除鸡笼下面的鸡粪，以减少疫病发生的机会。

（4）在鸡场周围种植树木和花草，在鸡舍周边种植攀缘植物，为夏季的防暑工作打好基础。

2. 夏季　管理的核心是防暑降温，并保证蛋鸡营养的足够摄入。采取的管理措施如下：

（1）尽量减少鸡舍所受到的辐射热和反射热。鸡舍房顶建筑材料采用隔热材料，鸡舍向阳面和房顶涂成白色，鸡舍内装有吊棚。在鸡舍周围种植遮阳树木、攀缘植物，搭遮阳凉棚。在每天中午12时至下午3时，向鸡舍屋顶、外墙及附近地面喷洒凉水。

（2）加大鸡舍内的换气量和气流速度。采取纵向通风，使鸡舍内的平均气流速度达到1米/秒以上，加强鸡舍内热量的排出。

（3）降低进入鸡舍的空气温度，当温度超过30℃时，采用湿帘和喷雾降温法。

（4）降低鸡的饲养密度，一般笼养鸡可以减少20%左右。

（5）根据鸡群采食量的变化及时调整日粮营养水平，每千克日粮能量降低0.209~0.418兆焦。饲料中添加1%~1.5%的贝壳粉、牡蛎粉等。在日粮中添加抗热应激的添加剂，例如可用3%~5%的油脂代替日粮部分能量饲料，增加鸡只的净能摄入量。在饲料中添加0.03%的维生素C或者0.5%的碳酸氢钠、1%的氯化铵，同时，可以在饮水中添加补液盐等，以缓解热应激反应。

（6）调整饲喂方法，可采用两头饲喂法。在早晨天亮后1小时和傍晚后两个采食高峰期进行饲喂，有条件者也可以进行半夜加料。

（7）密闭鸡舍从上午10时到下午5时关灯停饲，让鸡只休息，进行夜间饲喂。保证足够的饮水器和清洁的清凉饮水。

（8）适当提高日粮蛋白质水平，例如代谢能为11.30兆焦/千克，粗蛋白质18.4%，蛋氨酸0.45%，蛋氨酸+胱氨酸0.91%，赖氨酸0.85%。

（9）及时清除鸡粪。

3. 秋季　秋季昼夜温差大，注意气温变化，防止鸡舍温度突然降低；注意人工补充光照；同时，要注意消灭蚊子和苍蝇等。采取的措施如下：

（1）对开放式鸡舍，注意补充人工光照，防止鸡群发生换羽。对于产蛋后期开始换羽的母鸡，进行一次选择和调整，尽早淘汰换羽和停产较早的鸡只。

（2）在当年小母鸡尚未开产、老母鸡已经停产或产蛋率很低时，进行疫苗接种或驱虫，避免影响产蛋量。

（3）早秋天气闷热，降水量较大，鸡舍内湿度较高，白天要加强通风；深秋昼夜温差较大，做好防寒保暖工作，适当降低鸡舍的通风换气量，避免冷空气侵袭鸡群而诱发呼吸道疾病。

（4）入冬前进行一次大扫除和大消毒，搞好环境卫生，消灭各种有害昆虫。

4. 冬季 注意防寒保暖，一般要求鸡舍温度不低于10℃；防止贼风侵袭，避免冷空气直接吹向鸡体。必要时，可以采取供暖措施。在保持鸡舍温度的前提下，进行合理的通风换气。在饲料调配上，适当提高饲料的能量水平等。采取的管理措施如下：

（1）入冬前要维修鸡舍，保持屋顶、门窗、墙壁等的密闭性能，所有窗户钉上透明度好的塑料薄膜，以利于防寒。鸡舍门上挂上棉门帘，鸡舍屋顶铺设稻草、麦秸等。在鸡舍内用塑料布加吊顶棚。

（2）淘汰过于瘦弱的鸡只，尽量将其余鸡只调整到上、中层集中饲养。

（3）人工补充光照，总的光照时间不少于16小时。

（4）在保温的同时注意通风换气，选择每天中午温度升高、风力较小的时间通风换气，将南面向阳的窗户打开，每天2~5次，每次10分钟。

（5）调整日粮营养，提高日粮能量水平，每千克日粮能量增加0.083~0.209兆焦。

（6）适当增加鸡群的喂料量，其增加量相当于温和季节日喂料量的10%左右。

四、蛋种鸡饲养管理

（一）种母鸡饲养管理

1. 蛋用种鸡的生产指标　饲养种鸡的目的主要是繁殖尽可能多的合格种蛋，并使这些种蛋的受精率与孵化率提高，孵出的雏鸡体质健壮。蛋用种鸡的生产性能见表4-24。

表4-24　蛋用种鸡的性能指标

项目	轻型蛋用种鸡	中型蛋用种鸡
20周龄体重（千克）	1.37	1.66
70周龄体重（千克）	1.78	2.24
入舍母鸡产蛋数（枚）	250	250
入舍母鸡产种蛋数（枚）	210	205
平均入孵蛋孵化率（%）	87	83
入舍母鸡产母雏数（个）	86	85
每天每只耗料量（克）	114	124
存活率（%）	90~94	90~94

注：每天耗料量包括9%种公鸡在内。

2. 饲养方式和饲养密度　饲养密度与饲养方式和鸡的体形大小等密切相关，种用母鸡的饲养方式、不同饲养方式下的饲养密度为：

（1）全地面垫料平养。种鸡养在地面垫料上，自然交配繁殖，5只母鸡配1个产蛋箱。采用大型吊塔式饮水器或安装在鸡舍两侧的水槽供水，采用吊式料桶或料槽、链式料槽、弹簧式料盘、塞索管式料盘等喂料。轻型蛋鸡饲养密度为0.19 米^2/只（5.3 只/米^2），中型蛋鸡饲养密度为0.21 米^2/只（4.8 只/米^2）。

（2）离地网上平养。种鸡养在离地约60厘米的铝丝网或竹（木）条板上，自然交配繁殖。供水及喂料设备与全地面平养方式相同。轻型蛋鸡饲养密度为0.12 米^2/只（8.3 只/米^2），中型蛋鸡饲养密度为0.14米^2/只（7.1只/米^2）。

（3）网平混合饲养。鸡舍两侧在离地约60厘米高处用铅丝网或竹（木）条板，中间为垫料地面，约占1/3面积。自然交配繁殖，设备同全地面平养方式。轻型蛋鸡饲养密度为0.16米^2/只（6.3只/米^2），中型蛋鸡饲养密度为0.19米^2/只（5.3只/米^2）。

（4）笼养人工授精。种母鸡养在产蛋种鸡笼中，种公鸡养在种公鸡笼里，采用人工授精方式获取种蛋，这是我国多数蛋种鸡场普遍采用的饲养方式。轻型蛋鸡饲养密度为0.045米^2/只（22只/米^2），中型蛋鸡饲养密度为0.045~0.050米^2/只（20~22只/米^2）。

（5）种鸡小群笼养。笼子规格不同，饲养种鸡数也不同。较为常见的笼子规格为：笼长3.9米，宽1.94米，养80只母鸡和8~9只公鸡。采用自然交配，种蛋从斜面底网滚到笼外两侧的集蛋处，不用配产蛋箱。

3. 饲粮营养标准　表4-25给出了海赛克斯褐父母代种鸡产蛋各阶段日粮的营养组成，可供参考。

表4-25　海赛克斯褐父母代种鸡日粮的建议营养水平

营养成分	17~40周	40~60周	60周以后
粗蛋白质（%）	18	17~18	16~17
代谢能（兆焦/千克）	12.0	12.0	11.6
粗纤维（最小量,%）	2.5	2.5	2.5
粗脂肪（最小量~最大量,%）	3~7	3~7	3~7
亚油酸（最小量,%）	1.4	1.4	1.2
钙（%）	3.4~3.7	3.6~3.9	3.8~4.0
可用磷（最小量,%）	0.40	0.37	0.36
钠（最小量,%）	0.15	0.15	0.15
氯（最小量,%）	0.16	0.16	0.16

续表

营养成分	17~40 周	40~60 周	60 周以后
蛋氨酸（%）	0.40	0.38	0.35
蛋氨酸+胱氨酸（%）	0.72	0.70	0.66
赖氨酸（%）	0.85	0.80	0.75
色氨酸（%）	0.18	0.18	0.17

4. 饲喂技术 不同喂料方式采取不同的饲喂技术，具体见表 4-26。产蛋期间应保证鸡群有充足的清洁饮水。每只鸡对饮水槽位的需要量见表 4-27。

表 4-26 种用母鸡的饲喂技术

喂料方式	饲喂技术	备注
机械自动喂料	每日喂 4~6 次，鸡基本吃完当天喂给的饲料	（1）开产到 40 周龄的产蛋高峰期不限饲
人工喂料	（1）每天喂 2 次，上午喂料时，应在槽中基本无料时进行；下午所喂饲料应确保在第二天早晨喂料时仍有薄薄的一层 （2）饲养员每天至少匀料 4 次，促使鸡多采食，尤其是从开产至产蛋高峰期匀料次数相对较多，效果更好，利于提高鸡的产蛋率	（2）喂料及匀料速度要慢，随时捡出料槽中的霉变料块等 （3）将鸡的体重尽量稳定在要求范围内。产蛋前期，防止体重偏低，后期要防止体重过大、鸡体过肥

表 4-27 蛋种鸡所需的饲槽槽位和饮水槽位

品种	饲槽槽位（厘米）	饮水槽位（厘米）
小型来航鸡	8.2	1.3
普通来航鸡	9.4	1.9
中等体形鸡	10.6	2.2

5. 不同饲养方式的鸡群管理措施

（1）全地面垫料饲养。保持垫料的清洁和干燥，保证种鸡的健康；防止地面蛋。地面蛋通常较脏，另外破损率较高，易造成经济损失。破损蛋在幼龄鸡群不可超过 2%，在老龄鸡群中不可超过 3%；配备足够数量的产蛋箱，产蛋箱不足可造成母鸡在地面上产蛋。产蛋箱应保持幽暗，在鸡舍中横向放置。

（2）条板—垫料地面饲养。防止地面蛋。在鸡开始产蛋时，饲养员要训练鸡在产蛋箱中产蛋。刚开始不要铺过多的垫料，待日后逐渐增加；垫料区通风。在炎热的夏天，不要用板状材料围住垫料区两侧的挡板，应使用金属网，以增加空气的流通；预防鸡在条板上产蛋。饲养员在开产前打开产蛋箱，对鸡进行诱导，避免在条板上产蛋。

（3）全条板地面饲养。防止鸡群惊飞。用重量较轻的金属网或尼龙丝网每隔一定距离横向悬挂于鸡舍中，防止鸡在舍内随意飞；产蛋箱的高度。条板地面鸡舍中产蛋箱的底部离条板近一些，防止母鸡产“地面蛋”；防止鸡体重超标。鸡的饲养密度大，活动量较小，容易导致体重增加。管理过程中实施限制饲喂显得更为重要。

（4）金属网地面饲养。金属网丝应粗、绷紧并应支撑良好以使其平整，否则影响种鸡的交配而使受精率降低；金属网眼大小为 2.5 厘米×5 厘米。网的放置应使网眼的槽径沿鸡舍的纵向。金属网应用 12.5 号金属丝，方格形金属网用 14 号金属丝，以保持金属网的平整，使鸡群分布均匀；金属网地面的斜度。倾斜金属网地面常采用焊接金属网，一个方向的金属丝总在另一个方向的金属丝之上。网的放置要使上面的金属丝沿鸡舍的横向。金属网有一定斜度，有利于鸡的配种，受精率较高。

6. 笼养种鸡的管理　种鸡笼养时有两种交配形式，即自然交配和人工授精（表 4-28）。

表 4-28 笼养种鸡的管理

交配方式		管理方法
自然交配	鸡笼大小	(1) 390 厘米×194 厘米 (2) 91 厘米×61 厘米，每笼养 1 只公鸡和 10~15 只母鸡 (3) 122 厘米×91 厘米，每笼养 2 只公鸡和大约 25 只母鸡
	笼子放置	(1) 笼子的长边应向外放置，笼底斜向鸡笼背侧的集蛋处，外侧安装食槽和饮水器 (2) 在鸡笼背侧最好建造一只大产蛋箱，产蛋箱和鸡笼等长，产蛋箱的笼底金属网下方设置一用铰链安装的木板
人工授精	减少种公鸡的饲养量，充分利用种用价值高的优秀公鸡，降低公鸡的饲养成本。对人工授精人员进行技术培训，保证人工授精的质量	

7. 种蛋的管理 饲养种鸡的唯一目的是生产大量能够孵出高质量雏鸡的种蛋，且种蛋的生产应尽可能经济而又不影响雏鸡的质量。种蛋的管理见表 4-29。

表 4-29 种蛋的管理

管理项目		管理方法或要求
种蛋的收集		一般种鸡场在种鸡日产蛋率达到 5%以后的第 4 周开始收集种蛋。现代蛋种鸡的开产日龄提前，一般在 25 周龄后即开始收集种蛋
种蛋的选择	基本原则	通过感官和透视法，将双黄蛋、破壳蛋、脏蛋、皱壳蛋和薄壳蛋全部拣出，单独放置
	受精率	选择正确制种、生产性能和繁殖性能优良，经实施系统免疫程序的健康种鸡，种蛋的受精率应达到 90%以上
	新鲜程度	(1) 种蛋保存时间愈短，对胚胎生活力的影响愈小，孵化率也愈高。一般以产后一周为合适，以 3~5 天为最好 (2) 2 周内的种蛋还可以保持一定的孵化率。超过 2 周时，孵化率降低，孵出的雏鸡软弱

续表

管理项目		管理方法或要求
种蛋的选择	形状和大小	（1）种蛋形状以接近卵圆形为佳，过长、过圆、两端或一端尖形的异形蛋均不能用作孵化，双黄蛋不宜用作种蛋 （2）鸡蛋重量以 55~65 克为宜
	蛋壳颜色	种蛋颜色应符合本品种的要求
	蛋壳结构	致密均匀，厚薄适度。蛋壳厚度在 0.33~0.35 毫米孵化率最高。蛋壳表面粗糙，皱纹、裂纹的蛋，孵化率降低，不适合作种蛋
	蛋的清洁度	蛋壳表面应光洁，无污点
	蛋的透视	凡有裂纹、气室过大、蛋黄上浮、散黄及蛋内有异物（如血斑、肉斑）的蛋，都不能入孵
防止破蛋		（1）管理人员必须仔细认真，尽量减少蛋的搬动 （2）从产蛋箱至孵化器这段时间，种蛋的破蛋率不可超过 2% （3）搬运种蛋时应特别小心，要尽可能避免震动，以防止种蛋气室松弛
保持蛋的清洁	脏蛋的处理	对脏蛋的处理应在熏蒸之前在鸡舍内进行，用软布在干燥状态下将其擦净
	降低脏蛋率的措施	（1）频繁收集种蛋。种鸡平养时，每天收集种蛋 4~6 次；种鸡笼养时，每隔 2 小时就应拣蛋 1 次 （2）每天产出的种蛋都应及时收集，产出再晚也不能留在产蛋箱中过夜

（二）种公鸡饲养管理

雏鸡的质量是由种用母鸡和公鸡共同决定的，尽管公鸡的数量远远少于母鸡，但在遗传上却担负了 50%的作用。特别是在自然交配的情况下，即使一只公鸡不良，也会影响一定比例的母鸡产蛋的种用价值。因此，对种用公鸡的饲养管理绝对不能忽视。

1. 种公鸡的选择和培育

（1）种公鸡的选择。特别适用于人工授精的公鸡群，若全年实行人工授精的种鸡场，应留有15%~20%的后备公鸡和补充新公鸡。

第一次选择时间为6~8周龄，选留个体发育好、冠髯大而鲜红的小公鸡，淘汰外貌有缺陷，如胸骨、腿部和喙弯曲，嗉囊大而下垂，胸部囊肿者；第二次选择时间为17~18周龄，选留发育良好、体重符合品种标准、腹部柔软，按摩时有性反应（翻肛、交配器勃起和排精）的公鸡；第三次选择时间为20周龄，根据精液品质和体重进行选留。淘汰排精量很少和不排精的公鸡。

（2）种公鸡的饲养管理。种公鸡的饲养管理方法见表4-30。

表4-30 种公鸡的饲养管理方法

周龄	饲养方式	光照时间	备注
6~8周龄前	公母雏混群平养或笼养	—	（1）笼养时密度要适宜，不能太大 （2）严格按照鸡种要求饲养管理，每周称重，及时按体重情况调整饲喂方案 （3）可将超重和低重小公鸡分开饲养
9~17周龄	公母分群饲养，有条件者最好平养	恒定在8小时，到育成后期每周增加0.5小时直至光照为12~14小时	
17~18周龄	单笼饲养	—	

2. 公母鸡比例 公母鸡适当的比例取决于种鸡类型和饲养方式。繁殖种鸡群中公鸡过多或者过少都会降低受精率。不同饲养方式时，公母鸡的适宜比例见表4-31。但开始饲养时，公鸡所占比例应稍高于表中数值，因为在育成过程中部分公鸡将被淘汰。

表4-31 繁殖种鸡群公母比例

蛋鸡类型	每100只母鸡所需公鸡数（只）		
	全垫料平养	条板（网）— 垫料平养	笼养（人工授精）
轻型鸡	8	9	3~5
中型鸡	9	10	3~5

3. 种公鸡的营养　一般都使用母鸡饲料。因为在平养条件下，公母鸡混群饲养，难以分别实施公鸡和母鸡的单独饲喂；在笼养条件下也是以母鸡的饲料为基础，在种用期间适当提高日粮蛋白质和维生素的含量。

（1）小公鸡营养需要。日粮代谢能为 11.3～12.1 兆焦/千克，蛋白质含量在育雏期为 10%～18%，育成期为 12%～14%；维生素和微量元素可参考母鸡的饲养标准。

（2）配种期种公鸡营养需要。代谢能 10.88～12.1 兆焦/千克，蛋白质为 11%～12%的日粮；钙的用量为 1.0%～3.7%，磷的用量为 0.65%～0.8%，饲养实践中建议钙的用量为 1.5%；如果种用期间采精频率高，可采用 12%～14%的蛋白质日粮，若氨基酸平衡则无须再加任何动物性蛋白质。

一般情况下，维生素 A 为 2 000 万国际单位/吨饲料，维生素 E 为 30 克/吨饲料，维生素 B_1 为 34 克/吨饲料，维生素 B_2 为 8 克/吨饲料，维生素 C 为 150 克/吨饲料。

（3）种公鸡的管理。繁殖期间人工授精的公鸡必须单笼饲养，否则由于应激反应而影响精液品质；成年公鸡在 20～25℃环境下可产生理想的精液。夏季高温天气时必须采取有效的降温措施以提高公鸡精液品质；育雏期相对湿度为 65%～70%，从第 2 周开始调节为 55%～60%；从育成期至育成后期（17 周龄以后），光照时间维持每天 8 小时的恒定光照，育成后期以后，每周增加 0.5 小时光照，直至 12～14 小时，光照强度 10 勒克斯以上即可维持公鸡正常的繁殖功能；每月检查体重 1 次，以保证繁殖期公鸡的健康和产生优质精液。凡体重降低幅度在 100 克以上的公鸡，应暂停采精和延长采精间隔（5～7 天采精 1 次）并另行饲养；一般在 6～9 日龄进行断喙。断喙有助于减少啄癖并减少育雏和育成期的伤亡；自然交配时公鸡必须断趾，即断内趾及后趾第一关节，以免配种时抓伤母鸡；为防止鸡冠冻伤或笼养时被鸡笼挂伤或用作标记，公鸡可在 1 日龄剪冠。但炎热地区不宜剪冠。以便进行散热。

4. 提高种蛋受精率的措施 见表 4-32。

表 4-32 提高种蛋受精率的措施

方法	措施
配种期种公鸡的淘汰	在配种期间，任何劣等公鸡都应及时淘汰。一只失去配种能力的公鸡只有被淘汰后，原来与其配种的母鸡才会接受其他公鸡配种
防止公鸡受伤	（1）管理人员应给公鸡配备充足的料槽和水槽，尽量避免食槽、饮水设备等可能给公鸡带来的损伤 （2）食槽和饮水器的放置应便于公鸡由下面钻过或绕过，以免公鸡跳越时挂伤鸡腿 （3）捉鸡时，应小心捉握鸡的两腿或两腿一翅，避免只捉一只腿时造成公鸡的永久性伤害 （4）垫料和条板上不应有尖锐物，以免刺伤公鸡
圈内公鸡的更换	当某些圈内公鸡淘汰率高时，必须从公鸡多余的圈内另行补充。一般在天黑前 1 小时放入圈内
加强公鸡运动	（1）加强公鸡的运动，以防止腿部软弱无力，影响配种 （2）平养时，可用食槽促使公鸡大量运动，因为公鸡必须跳起来才能从食槽中吃到饲料 （3）每天下午可将粒料撒在垫料上以诱使公鸡扒食，也是一种有益的运动
诱使公鸡配种	为防止母鸡因公鸡不离开条板而得不到交配现象的发生，可于每天下午在垫料上撒些整粒谷物，诱使公鸡离开条板进行觅食，随之在垫料上进行交配
公鸡不宜强制换羽	如果种母鸡因故实行人工强制换羽，要将公鸡隔离饲养，不要实施换羽，否则对公鸡以后的授精能力有不良影响

（三）种鸡群的净化及强化免疫

1. 生物学隔离

（1）种鸡场址的选择。种鸡场应完全隔离，远离其他养禽场、城市和乡村；祖代鸡场和父母代鸡场均应采用全进全出制，不能与商品代鸡场交换人员和材料；谢绝参观，特别是在48小时内接触过其他鸡场的人员。

（2）进入鸡场人员的消毒。进入种鸡场的人员必须淋浴（包括药浴），进入鸡舍前必须换鞋和新的工作服，洗手和戴帽；离开鸡舍时，要再次洗手和更换衣服。在鸡舍内外所穿工作服的颜色应相同；种鸡场的管理人员和工人不得在家饲养家禽或其他玩赏鸟类，不得接触其他家禽。

（3）鸡场贮藏室要求。鸡舍和用于存放蛋盘、垫料、饲料等物品的贮藏室应设有防鸟、防鼠装置。每次应使用新的蛋盘和蛋箱垫料，不可重复使用。

（4）车辆的消毒。进入鸡场的车辆应反复冲洗车体，车轮要过消毒池，按指定路线行驶，并停放于指定位置；饲料运输车在运输之前24小时内不得与其他鸡场接触。

（5）物料的消毒。进入鸡场的物料，可冲洗的应在入口冲洗并用药液浸泡，净水冲洗晾干后进入；不可冲洗的在入口处除去外包装，运往熏蒸室熏蒸消毒；饲料中不含沙门菌，进入鸡舍前也应进行熏蒸消毒。

（6）废弃物的处理。妥善处理死鸡和其他废弃物，不得造成污染。

2. 种鸡场的检测与疾病净化 种鸡场鸡群的疾病和免疫效果应通过适当方法进行检测和控制，对于一些通过种蛋垂直传播的疾病，更应定期检测，淘汰阳性反应个体甚至鸡群，提高种源的质量。

饲养员应注意观察鸡群行为，如果发现精神不振、不爱活动、眼睛流泪、呼吸道声音异常、拉稀、发育不良等异常情况的鸡只，应尽快报告兽医，并对症状进行进一步的观察处理；对饲料和饮水量、种鸡增重情况、产蛋和死亡率等指标应进行精确记录，并注意比较分析，通过观察数据尽早发现疾病或其他异常情况；鸡场兽医对通过眼睛观察和数据记录认为有发病可能的鸡只进行剖检。既要剖检自然死亡的鸡，又要剖检淘汰鸡；在实验室进行细菌或病毒培养，以找出病原，注意保证样品的干净，防止交叉污染，以免导致诊断错误；通过血清学监测，了解雏鸡中母源抗体的种类、水平和均匀度。了解种鸡本身的免疫效果，确认种鸡中有无通过种蛋传染到下一代鸡的疾病，达到净化该类疾病的目的。

3. 严格按照免疫程序做好各种疫苗的接种　确保种鸡后代具有较高的母源抗体，提高雏鸡的抗病力。

（四）强制换羽

强制换羽的方法有很多，有的用化学药物（在日粮中加入高含量的锌）的方法，但最常用的效果比较稳定的是控制给水、给料和改变光照时间等常规方法。适宜的换羽措施，应该达到迅速换羽、恰当减轻体重和低的死亡率的目的。羽毛脱落速度：强制换羽7~10天后，小羽应大部脱落。10~20天主翼羽开始脱落。失重率：一般以30%左右为宜。死亡率：整个强制换羽期间平均为3.7%（1.0%~6.1%）。换羽期60天左右：从开始强制换羽时算起。如鸡群健康状况良好，第一个产蛋周期的产蛋水平也较高，一般经7~9周后，全群产蛋率可达50%以上。

1. 强制换羽前鸡群的准备工作　为减少换羽期的死亡率，应在强制换羽前，将病弱鸡、体重轻的和低产蛋鸡淘汰；对已经自然换羽的鸡，应挑出单独饲养，促进产蛋，以减少因换羽而造成死亡；在实施强制换羽的前1~2周，根据当地疫病的流行情况，对选留鸡只进行新城疫等免疫接种；将选留的鸡只随机抽样称重，抽样数量为群体的2%~5%。根据鸡群平均体重的分布状况，将鸡只分为若干个小群体，同类鸡安置在同列笼内；分群数量应根据鸡群体重的均匀度确定，体重均匀度高（大于75%）

的鸡群，可将鸡群按体重大小分为大、中、小三个类群；体重均匀度低的鸡群（小于75%），按体重大小分为最大、较大、中等、较小等四个类群。

2. 强制换羽方法

（1）化学法强制换羽。在经过挑选和免疫的鸡群日粮中，按2.5%的比例加入氧化锌，或按4.0%的比例加入硫酸锌。当鸡采食高锌日粮后食欲急剧下降，采食量显著减少，2~3天后日采食量降至20克左右。高锌日粮持续饲喂7~8天，鸡的体重会降低25%左右。如果体重下降不足25%，可以继续饲喂高锌日粮。当鸡群体重下降25%时，就应停喂含锌日粮，然后改喂蛋鸡高峰料。在饲喂高锌日粮期间不必停水。

化学法强制换羽恢复供料的程序、饲喂含锌日粮时期的光照程序与饥饿法类似。

（2）饥饿法强制换羽。饥饿强制换羽法见表4-33。普通强制换羽方法、快速强制换羽方法、慢速强制换羽方法见表4-34，强制换羽综合法见表4-35，常规强制换羽方案见表4-36，以供参考。

表4-33　饥饿强制换羽的方法

项目	方法
饥饿期管理	（1）在饥饿期开始时实施断水，除炎热的夏季外都可施行。一般断水时间最多为3天，具体使用时间依当时鸡群的情况而定 （2）在断水的同时停止给料。停料的天数应根据鸡只体重降低的情况而定，要求体重降低25%~30%
恢复供料程序	第一天每只鸡给料30克，以后逐日增加10克左右。当增至100克后，便可任鸡自由采食。所饲喂饲料的蛋白质含量不低于17%，且含硫氨基酸应占日粮的0.7%，有助于旧羽毛的脱换和新羽毛的生长

续表

项目	方法
光照管理	（1）在停止水、料的当天，应将光照时数由原来的每天16小时左右减至6~8小时，直至完全恢复饲喂 （2）恢复饲喂后，光照时数以每周2小时的速度递增。一般增至16小时即可，恒定地维持到第二产蛋期结束之时

表4-34 普通、快速、慢速强制换羽方法

换羽方法	换羽第几天	饲料	饮水	光照
普通	1~10天	绝食（饲喂贝壳粒）	自由饮水	开放式鸡舍停止人工补充光照
	11~30天	自由采食高粱、小麦、碎玉米	自由饮水	密闭式鸡舍光照时间8小时
	31天以后	自由采食产蛋鸡料	自由饮水	恢复至原来的14~16小时光照
快速	1~10天	绝食（饲喂贝壳粒）	自由饮水	开放式鸡舍停止人工补充光照；密闭式鸡舍光照时间8小时
	11天以后	自由采食产蛋鸡料	自由饮水	恢复至原来的14~16小时光照
慢速	1~10天	绝食	自由饮水	开放式鸡舍停止人工补充光照
	11~38天	自由采食高粱、小麦、碎玉米	自由饮水	密闭式鸡舍光照时间8小时
	39天以后	自由采食产蛋鸡料	自由饮水	恢复至原来的14~16小时光照

表 4-35　强制换羽综合法

时间（天）	饮水	喂料	光照	饲料种类	备注
1~3	停	停	停止人工光照		
4~12	给	停	停止人工光照		
13	给	30 克/鸡/日	停止人工光照	青年鸡料	
14	给	60 克/鸡/日	停止人工光照	青年鸡料	
15	给	90 克/鸡/日	停止人工光照	青年鸡料	撤去遮光用具
16	给	自由采食	恢复人工光照，以每周 1 小时幅度增加至光照时间 17 小时	青年鸡料	
38 天后	给	自由采食		蛋鸡料	

表 4-36　常规强制换羽方案

第几天	饲养	饮水	光照
1	停喂	停水	8 小时
2	停喂	停水	8 小时
3	4.5 千克/100 只鸡	给水	8 小时
4	停喂	停水	8 小时
5	同第 3 天	给水	8 小时
6	停喂	停水	8 小时
7	同第 3 天	给水	8 小时
8	停喂	停水	8 小时
9	同第 3 天	给水	8 小时
自第 10 天至第 55~60 天	恢复限制饲喂，大约为自由采食量的 75%	给水	8 小时
61	自由采食	给水	14~16 小时

第三节　人员管理

（1）对新参加工作、临时参加工作的人员需进行上岗卫生安全培训。

（2）定期对全体职工进行各种卫生规范、操作规程的培训。

（3）生产人员和生产相关管理人员至少每年进行一次健康检查，新参加工作和临时参加工作的人员，应经过身体检查取得健康合格证后方可上岗，并建立职工健康档案。

（4）进生产区必须穿工作服、工作鞋，戴工作帽，工作服必须定期清洗和消毒。每次鸡周转完毕，所有参加周转人员的工作服应进行清洗和消毒。

（5）各鸡舍专人专职管理，禁止各鸡舍间人员随意走动。

第五章　生态养殖蛋鸡安全生产的兽医防疫技术

动物防疫是指动物疫病的预防、控制、扑灭和动物、动物产品的检疫。动物疫病是指动物传染病、寄生虫病。

第一节　生态养殖蛋鸡疫病综合防控措施

一、传染病学基本概念

（一）传染

凡是由病原微生物（包括病毒、细菌、霉形体、衣原体、螺旋体等）通过某种途径侵入鸡体并在一定的部位定居和繁殖，引起鸡体产生一系列的病理过程，就叫作传染。

（二）传染病

凡是由于病原微生物引起，有一定的潜伏期和临床表现，并有传染性的疾病就叫作传染病。

（三）传染源

传染源是指有某种病原体在其中寄居、生长、繁殖，并能排出体外的动物机体，具体说传染源就是受感染的动物，包括患病动物和病原携带者。

（四）传播途径

病原体由传染源排出后，经一定的方式再侵入其他易感动物所经历的路径称为传播途径。病原体由传染源排出后，经一定的传播途径再侵入其他易感动物所表现的形式称为传播方式，包括水平传播和垂直传播两种。

1. 水平传播　水平传播是指传染病在群体之间或个体之间以横向方式传播，包括直接接触传播和间接接触传播两种方式。

（1）直接接触传播。直接接触传播就是在没有任何外界因素的参与下，病原体通过传染源与易感动物直接接触而引起感染的传播方式。

（2）间接接触传播。间接接触传播是指病原体通过传播媒介使易感动物发生传染病的方式。大多数传染病都是以这种方式传播的。传播媒介可能是生物，如蚊、蠓、蝇、鼠、猫、狗、鸟类等，也可能是无生命的物体（叫媒介物），如空气、饮水、饲料、土壤、飞沫、尘埃等，使易感动物吸入或食入而感染或传播。此外，还可通过人为传播，特别是饲养动物的人员、兽医、参观者、车辆和饲养管理用具等亦常是病原体的携带者和传播者，也可通过污染环境而使易感动物感染或者使疾病广为散播。

2. 垂直传播　垂直传播是指从亲代到其子代之间的纵向传播形式。

（五）易感动物

易感动物是指对某种传染病病原体具有敏感或易感的动物。其易感性的大小与有无，直接影响到传染病是否能造成流行及疾病的严重程度。此易感性是由机体的特异性免疫状态与非特异性抵抗力决定的。前者可由主动免疫，如接种疫苗或菌苗而获得特异性抵抗力；后者由被动免疫，如注射高免血清、高免蛋黄，或直接由母体获得。如初生雏鸡由母体获得抗体（即母源抗体），这样就可以使易感动物变为不易感。这是预防传染病发生与流行经常采取的重要措施。

（六）疫苗

用于人工主动免疫的生物制剂可统称为疫苗，包括用细菌、支原体、螺旋体和衣原体等制成的菌苗，用病毒制成的疫苗和用细菌外毒素制成的类毒素。

（七）免疫接种

免疫接种是指用人工方法将疫苗引入动物体内刺激机体产生特异性免疫力，使该动物对某种病原体由易感转变为不易感的一种疫病预防措施。根据免疫接种进行的时机不同，可将其分为预防接种和紧急接种两大类。

1. 预防接种　在经常发生某些传染病的地区，或有某些传染病潜在的地区，或经常受到邻近地区某些传染病威胁的地区，为了防患于未然，在平时有计划地给健康鸡群进行的免疫接种，称为预防接种。

2. 紧急免疫　是指在发生传染病时，为了迅速控制和扑灭疫情而对疫区和受威胁区尚未发病的蛋鸡进行的应急性免疫接种。

在疫区只能对健康蛋鸡进行紧急接种。病鸡及隐性感染鸡必须在严格消毒的情况下立即隔离，不能再接种疫苗，否则会促使其更快发病或死亡。某些流行性强大的传染病如禽流感等，其疫点范围5~10千米及以上地区为受威胁区，必须进行紧急接种，其目的是建立“免疫带”以包围疫区，防止其扩散蔓延。但这一措施必须与疫区的封锁、隔离、消毒等综合措施相配合才能取得较好的效果。

（八）免疫程序

免疫程序是指根据一定地区养鸡场传染病的流行状况、鸡健康状况和不同疫苗特性，为特定鸡群制订的接种计划，包括接种疫苗的类型、顺序、时间、次数、方法、时间间隔等规程和次序。不同的传染病其免疫程序也不相同，例如，鸡马立克病和鸡痘一般只用弱毒活疫苗免疫一次，而鸡新城疫和传染性支气管炎则要用弱毒活疫苗和灭活疫苗免疫多次。每种传染病的免疫程序组合在一起就构成了一个地区、一个鸡场的综合免疫程序。凡是有条件能做免疫监测的，最好根据免疫监测结果即抗体水平变化结合实际经验来指导、调整免疫程序。

（九）被动免疫

被动免疫是指将免疫血清或自然发病后康复动物的血清人工输入未免疫的动物，使其获得对某种病原的抵抗力，如抗鸡传染性法氏囊病毒血清可防治鸡传染性法氏囊病等。采用人工被动注射免疫血清可使抗体立即发挥作用，无诱导期，免疫力出现快，但免疫力维持时间短，一般维持1~4周。

二、疫苗免疫接种方法及注意事项

（一）疫苗免疫接种的方法

根据不同疫苗的使用要求，可采用皮下、皮内、肌内注射或皮肤刺种、点眼、滴鼻、喷雾、口服等不同的接种方法。接种后经一定时间（数天至3周），可获得数月至1年以上的免疫力。

（二）免疫接种注意事项

（1）预防接种前，应对当地各种传染病的发生和流行情况进行调查了解。弄清楚存在哪些传染病，在什么季节流行。据此拟订每年的预防接种计划。如果在某一地区过去从未发生过某种传染病，也没有从别处传进来的可能时，则不必进行该传染病预防接种。

有时也进行计划外的预防接种。例如引进或运出蛋鸡时，为了避免在运输途中或到达目的地后暴发某些传染病而进行的预防接种。一般可采用抗原激发免疫（接种疫苗、菌苗、类毒素等），若时间紧迫，也可用免疫血清进行被动免疫，后者可立即产生保护力，能维持时间半个月左右。

（2）预防接种前，应对蛋鸡的健康状况、年龄大小及饲养条件的好坏等进行详细的检查和调查了解。对那些幼龄、体质较弱、有慢性病和产蛋期的蛋鸡，如果不是已经受到传染的威胁，最好暂时不接种。对那些饲养管理条件不好的蛋鸡，在进行预防接种的同时，必须创造条件改善饲养管理；否则，可能引起较明显的接种反应，产蛋鸡有时会暂时减少产蛋量。

（3）预防接种前，应注意了解当地有无疫病流行，如发现疫情，则首先安排对该病的紧急防疫。如无特殊疫病流行，则按计划进行定期预防接种。接种前，应准备疫苗、器材、消毒药品和其他必要的用具；接种时，要做到消毒认真，剂量、部位准确；接种后，应加强饲养管理，使机体产生较好的免疫力，减少接种后的反应。

（4）疫苗接种后经过一定时间（10~20天），应检查免疫效果。尤其是改用新的免疫程序及疫苗种类时更应重视免疫效果的检查，目前常用测定抗体的方法来监测免疫效果。这样可以及早知道是否达到预期免疫效果。如果免疫失败，应尽早、尽快补防，以免发生疫情。

（三）预防接种的反应类型

鸡群接种疫苗后有正常反应、严重反应和合并症等三种反应类型，其中严重反应和合并症属不良反应。所谓不良反应，一般认为就是经预防接种后引起了持久的或不可逆的组织器官损害或功能障碍而致的后遗症。如有不良反应或发病等情况，应及时采取适当措施，并向有关部门报告。一般来说，活疫苗引起的不良反应较多见，特别是在使用气雾、饮水、点眼、滴鼻等方法进行免疫时，往往易激活呼吸道的某些条件性病原体而诱发呼吸道反应。因此，在这种情况下对病毒性活疫苗可通过加抗生素、保护剂等措施减少应激。也可在免疫接种前或免疫接种时给被接种蛋鸡使用抗应激药物、抗生素等。另外，严格遵守操作程序、注意气候条件、控制好鸡舍环境条件、选择适当的免疫时机等也能有效避免或降低免疫接种诱发的不良反应。

1. 正常反应 是指由于生物制品本身的特性而引起的反应，其性质与反应强度随生物制品而异。例如，某些生物制品有一定毒性，接种后可以引起一定的局部或全身反应。有些生物制品是活菌苗或活疫苗，接种后实际是一次轻度感染，也会发生某种局部反应或全身反应。

2. 严重反应 此类反应和正常反应在本质上没有区别，但程度较重或发生反应的动物数超过正常比例。引起严重反应的原因：生物制品质量较差；使用方法不当，如接种剂量过大、接种技术不正确、接种途径错误等；个别蛋鸡对某种生物制品过敏。这类反应通过严格控制产品质量和遵照使用说明书可以减少到最低限度，只有个别特殊敏感的蛋鸡才会发生。

3. 合并症 是指与正常反应性质不同的反应。主要包括：超敏感（血清病、过敏休克、变态反应等），扩散为全身感染（由于接种活疫苗后，防御功能不全或遭到破坏时可发生）和诱发潜伏感染（如鸡新城疫疫苗气雾免疫时可能诱发幼龄鸡慢性呼吸道病等）。

（四）联合疫苗的应用

两种以上单疫苗同时给鸡接种可能会影响预防效果。例如，1日龄雏鸡同时进行马立克病疫苗和新城疫疫苗接种时，后者会受到前者抑制。一次接种疫苗种类过多，机体不能忍受过多刺激时，不仅可能引起较剧烈的不良反应，而且还可能减弱机体产生抗体的功能甚至出现免疫麻痹，从而减低预防接种的效果。联合疫苗的应用，可一针防多病，大大提高防疫工作效率，给兽医人员和群众带来一定的方便。

（五）合理的免疫程序

一个地区、一个鸡场可能发生的传染病不止一种，因此，鸡场往往需用多种疫（菌）苗来预防不同的疫病。用来预防这些传染病的疫（菌）苗的性质各不相同，免疫期长短不一。所以，为了达到理想的免疫效果，需要根据各方面情况制订科学合理的免疫程序。

制订免疫程序，应考虑以下因素：①当地疾病的流行情况及严重程度；②母源抗体水平；③上一次免疫接种引起的残余抗体水平；④蛋鸡的免疫应答能力；⑤疫苗的种类和性质；⑥免疫接种方法和途径；⑦各种疫苗的配合；⑧对动物健康及生产能力的影响。这些因素互相联系、互相制约，必须统筹考虑。

（六）疫苗免疫效果的影响因素

1. 疫苗因素　疫苗免疫效果与疫苗的性质和疾病的免疫特性直接有关，很多商业化疫苗免疫效果比较理想，但也有一些疫苗本身的保护性能差或具有一定毒力。如鸡法氏囊病中等毒力疫苗。

有些疫苗的毒（菌）株与田间流行毒（菌）株血清型或亚型不一致，或流行株的血清型发生变化，如禽流感、传染性支气管炎；或疫苗选择不当甚至用错疫苗，在疫病严重流行的地区，仅选用安全性好但免疫原性差的疫苗品系，例如，在有速发性嗜内脏型新城疫流行的地区选用了Ⅱ系或Ⅲ系疫苗。新城疫Ⅰ系疫苗只能用于成年鸡，而不能用于雏鸡等。

2. 疫苗保存与运输　疫苗都应该冷冻保存，冷藏运输，疫苗稀释后必须及时使用，否则会造成疫苗失效或减效。疫苗都有有效期，并有特定的物理性状，不能使用过期、变质的疫苗。

3. 免疫程序　接种活苗时蛋鸡有较高的母源抗体或前次免疫残留的抗体，对疫苗产生了免疫干扰。此外，不同种类疫苗之间可能存在干扰作用。所以，必须制订合理的免疫程序。

4. 免疫接种方法 应按疫苗说明书使用疫苗，注意免疫接种途径或方法，如只能注射的灭活苗不能采用饮水法接种。免疫接种工作必须认真，饮水免疫时饮水器必须充足，疫苗稀释要均匀，稀释后及时使用，接种剂量足，接种不遗漏等。

使用活菌苗，应注意在免疫接种前后不要使用抗菌药物，以免影响疫苗活菌在动物体的繁殖，降低免疫效果。

5. 动物因素 接种疫苗时，蛋鸡应处于健康状态，如果接种时蛋鸡已处于潜伏感染，或在接种时由接种人员及工具带入病原体，则会引起免疫蛋鸡产生严重副反应。如果鸡群中有免疫抑制性疾病存在，如鸡传染性法氏囊等，则其免疫效果下降，有时会导致发病。

第二节　生态养殖蛋鸡传染病的综合防控措施

一、防疫工作的基本内容

蛋鸡传染病的发生与流行是一个复杂的矛盾过程。它是由传染源、传播途径和易感鸡群 3 个环节相互联系而造成的，因此，采取适当的防疫措施来消除或切断造成流行的 3 个环节的相互联系，就可以阻止疫病发生或继续传播。综合性的防控措施可分为平时的预防措施和发生疫病时的扑灭措施两个方面，预防措施和扑灭措施不是截然分开的，它们互相联系、互相配合和互相补充。

（一）平时的预防措施

1. 加强饲养管理，增强鸡体的抗病能力

（1）执行“全进全出”的饲养制度。一栋鸡舍只养同一日龄、同一来源的鸡，而且同时进舍，同时出舍，其后进行彻底的清舍消毒，准备接下一批鸡。因为不同日龄的鸡有不同易感或易发的疾病，如果一栋鸡舍饲养着几种不同日龄的鸡，则日龄较大的患病鸡或已病愈的鸡都可能带菌或带病毒，并可能通过不同的途径排菌或排毒而传染给易感的小鸡，如此反复，一批一批地感染下去，使疾病长期在舍内存在。如果采用“全进全出”制度，同批鸡同时间转出或上市，经彻底消毒后再进下一批鸡，就不会有传染源和传播途径存在，这样就安全多了。无数事实证明，采用“全进全出”的饲养制度是预防鸡的传染病、提高鸡的成活率和增强养鸡经济效益的最有效措施之一。

（2）鸡舍要及时通风换气。鸡舍饲养密度过大或通风不良，常蓄积大量二氧化碳及由于粪便和垫料发酵腐败而产生的大量有害气体，对饲养人员与鸡都有不良的影响。鸡舍内氨的含量不得大于 20×10^{-6}毫克/升；硫化氢的含量不得大于 6.6×10^{-6}毫克/升；二氧化碳的含量不得大于 0.15%，一般以人们进入鸡舍后无烦闷感觉和眼鼻无刺激感为度。因为鸡舍有害气体含量过高，会刺激呼吸道黏膜，降低抵抗力，易感染经呼吸道传播的疾病，如鸡新城疫、鸡传染性支气管炎、鸡马立克病、大肠杆菌病、霉形体病等。

（3）鸡舍及环境的清洁消毒是防止疾病传播的重要措施。根据不同的消毒对象可采用不同的消毒剂和方法。平时鸡舍进口处设消毒池，池内放入 2%氢氧化钠溶液，对进入舍内的人员和物体进行消毒。鸡舍消毒或鸡舍带鸡消毒，以及人员、衣物、用具、墙壁、地面、网具、笼具等喷洒消毒，可使用百毒杀、爱迪伏或畜禽安等消毒液。

2. 防止由外地、外场引入病鸡和带菌（病毒）鸡　从外地、外场引进种鸡时，一定要经兽医人员检疫，千万不要从发病鸡场或刚解除疫情鸡场购鸡入场。很多鸡场与养鸡户都有过由于不慎引入病鸡或带菌（病毒）鸡，致使疫病在场内传播的沉痛教训。

3. 定期进行疫病监测和预防接种　疫病监测就是利用实验方法检测鸡群的免疫或感染状态，从而为制订免疫程序提供科学依据。如对新城疫和传染性法氏囊炎的抗体监测，根据其抗体水平可确定免疫时间。了解了感染状态可以进行鸡群的净化，如鸡白痢和霉形体病的检疫，淘汰阳性鸡，逐渐使之净化。预防接种是防治传染病最重要的措施之一。通过接种疫苗或菌苗，使鸡体获得免疫，增强特异性抵抗力，从而成为不易感机体，切断传染病流行的环节。

4. 加强灭鼠工作，进行粪便与垫料无害化处理 鼠类是多种疫病的储存宿主和传播者，养鸡场的鼠类已成为公害。饲料房、开放式鸡舍、废物堆集的地方，都是鼠类藏身和繁殖的良好场所，因此，应将灭鼠作为养鸡场经常性的工作。粪便与垫料及时进行干燥、发酵等无害化处理。

5. 病鸡和死鸡要及时处理 病鸡和死鸡是同鸡舍、同鸡场或其他鸡场的传染来源。当鸡群中出现病鸡时应及时取出，并送兽医人员诊断与处理。凡确诊为传染病的患鸡和死鸡应及时取出，及时掩埋或焚烧，不得在该鸡舍内隔离和堆积，以免扩大传播。

6. 防止蛋传疾病 所谓蛋传疾病，就是从感染母鸡传给新孵出后代的疾病。蛋传疾病通常有以下两种情况：一是病原体在蛋壳和壳膜形成前感染卵巢滤泡，在蛋形成过程中进入蛋内，如沙门杆菌等。二是鸡蛋在产出时或产下后因环境卫生差，病原体污染蛋壳，如一般肠道菌，特别是沙门菌、大肠杆菌，时而有绿脓杆菌、葡萄球菌及真菌污染蛋壳，并通过蛋壳的气孔进入蛋内。这样，被污染的种蛋在孵化过程中可能造成死胚或臭蛋，孵出的雏鸡多数为弱雏或带菌雏，在不良环境等应激因素的影响下发病或死亡。因此，预防蛋传疾病是提高雏鸡成活率的重要因素，平时应注意种鸡舍的卫生环境，勤打扫，勤更换垫料，并保持干燥，以减少粪污蛋。

（二）发生疫病时的扑灭措施

（1）及早发现疫情并尽快确诊。鸡群中出现传染病病鸡的早期症状多为精神沉郁，减食或不食，缩颈，尾下垂，眼半闭，喜卧不愿行动，下痢，呼吸困难（伸颈、张口呼吸），产蛋急剧下降等；此时应迅速将可疑病鸡隔离观察，并迅速确诊，以便采取防治措施。

（2）隔离病鸡。及时将病死鸡从鸡舍取出，对被污染的场地、鸡笼进行紧急消毒。严禁饲养人员与工作人员串圈，以免扩大传播。

（3）停止向本场引进新鸡，并禁止向外界出售本场的活鸡，待疾病确诊后再根据病的性质决定处理办法。

（4）病死鸡要深埋或焚烧，粪便必须经发酵处理，垫料可焚烧或作堆肥。

（5）对全场的鸡进行相应疾病的紧急疫苗接种。对某些疾病的病鸡进行合理的治疗，慢性传染病病鸡宜早淘汰。

二、传染病疫情报告和诊断

饲养、生产、经营、屠宰、加工、运输蛋鸡及其产品的单位和个人，发现传染病或疑似传染病时，必须立即报告当地动物防疫检疫机构或乡镇畜牧兽医站。特别是可疑为高致病性禽流感、鸡新城疫等重要法定传染病时要迅速向上级有关部门报告，并通知邻近单位及有关部门注意预防工作。上级机关接到报告后，除及时派人到现场协助诊断和紧急处理外，根据具体情况逐级上报。若为紧急疫情，应以最迅速的方式上报有关领导部门。

当蛋鸡突然死亡或怀疑发生传染病时，应立即通知兽医人员。在兽医人员尚未到达现场或尚未做出诊断之前，应采取下列措施：将疑似传染病病鸡进行隔离，派专人管理；对病鸡停留过的地方和污染的环境、用具进行消毒；完整保留病鸡尸体；不得随便急宰，不许食用病鸡的肉和内脏。

蛋鸡传染病发生后，及时而正确的诊断是防治工作的关键和首要环节，它关系到能否正确制订有效的控制措施。正确的诊断来自正确的策略、完善的方案、可靠的方法和先进成熟的技术，特别是对大的疫情，应该全面系统掌握各方面的材料、信息、数据和检测结果。鸡病的诊断方法很多，包括临诊综合诊断和实验室诊断。但在实际工作中特别强调综合诊断，注意各种诊断方法的配合使用、各种诊断结果的综合分析，最后做出确诊。

三、检疫、隔离、封锁

（一）检疫

检疫是指利用各种诊断和检测方法对蛋鸡及其相关产品和物品进行疫病或病原体或抗体检查，检疫的目的是查出传染源、切断传播途径，防止疫病传播。

动物检疫是遵照国家法律、运用强制性手段和科学技术方法预防和阻断蛋鸡疾病的发生或从一个地区向另一个地区间传播的日常性工作。动物检疫可分为产地检疫、运输检疫和国境（口岸）检疫。

（二）隔离

将不同健康状态的蛋鸡严格分离、隔开，完全、彻底切断其间的来往接触，以防疫病的传播、蔓延即为隔离。

隔离有两种情况，一种是正常情况下对新引进蛋鸡的隔离，其目的是观察这些蛋鸡是否健康，以防把感染蛋鸡引入新的地区或蛋鸡群体，造成疫病传播和流行。另一种是在发生传染病时实施的隔离，是将病鸡和可疑感染的病鸡隔离开。隔离病鸡防止鸡群继续受到传染，以便将疫情控制在最小范围内就地扑灭。根据诊断结果，可将全部受检蛋鸡分为病鸡、可疑感染鸡和假定健康鸡等三类，以便分别对待。

1. 病鸡　病鸡数目较多，可集中隔离在原来的鸡舍里。特别注意严密消毒，加强卫生和护理工作，须有专人看管和及时进行治疗。隔离场所禁止闲杂人员出入和接近。工作人员出入应遵守消毒制度。隔离区内的用具、饲料、粪便等，未经彻底消毒处理，不得运出，没有治疗价值的蛋鸡，由兽医根据国家有关规定进行严密处理。

2. 可疑感染鸡　未发现任何症状，但与病鸡及其污染的环境有过明显接触的鸡。如同群、同舍，使用共同的水源、用具等。这类鸡应在消毒后另选地方将其隔离、看管，限制其活动，严加观察，出现症状的则按病鸡处理。有条件时应立即进行紧急免疫接种或预防性治疗。隔离观察时间的长短根据该种传染病的潜伏期长短而定，经一定时间不发病者，可取消其限制。

3. 假定健康鸡　除上述情况外，疫区内其他易感鸡都属于假定健康鸡，此类鸡应与上述两类严格隔离饲养，加强防疫消毒和相应的保护措施，立即进行紧急免疫接种，必要时可根据实际情况分散喂养或转移至偏僻牧地。

（三）封锁

根据《中华人民共和国动物防疫法》规定，当确诊为禽流感“一类”传染病或当地新发现的传染病时，兽医人员应立即报请当地政府机关，划定疫区范围，进行封锁。执行封锁时应掌握“早、快、严、小”的原则，即执行封锁应在流行早期，行动果断、快速，封锁严密，范围尽可能小。具体措施如下：

1. 封锁疫点应采取的措施　严禁人、蛋鸡、车辆出入和蛋鸡产品及可能污染的物品运出。在特殊情况下人员必须出入时，需经有关兽医人员许可，经严格消毒后出入。对病死鸡及其同群鸡，县级以上农牧部门有权采取扑杀、销毁或无害化处理等措施；疫点出入口必须有消毒设施，疫点内用具、鸡舍、场地必须进行严格消毒，疫点内的鸡粪、垫草、受污染的饲料必须在兽医人员监督指导下进行无害化处理。

2. 封锁疫区应采取的措施 交通要道必须建立临时性检疫消毒关卡，备有专人和消毒设备，监视鸡及其产品移动，对出入人员、车辆进行消毒；停止集市贸易和疫区内鸡及其产品的采购；未污染的鸡及鸡蛋必须运出疫区时，需经县级以上农牧部门批准，在兽医防疫人员监督指导下，经外包装消毒后运出；非疫点的易感鸡，必须进行检疫或预防注射。

3. 受威胁区应采取的措施 疫区周围地区为受威胁区，其范围应根据疾病的性质、疫区周围的山川、河流、草场、交通等具体情况而定。应采取的措施包括：①对受威胁区内的易感鸡应及时进行预防接种，以建立免疫带。②管好本区易感鸡，禁止出入疫区，并避免利用疫区水源。③禁止从封锁区购买蛋鸡、饲料和鸡蛋，如从解除封锁后不久的地区买进蛋鸡或其产品，应注意隔离观察，必要时对鸡蛋进行无害处理。④对设在本区的屠宰场、仓库进行兽医卫生监督，拒绝接受来自疫区的活鸡及其产品。

4. 解除封锁 疫区内（包括疫点）最后一只病鸡扑杀或痊愈后，经过该病一个潜伏期以上的检测、观察未再出现病鸡时，经彻底清扫和终末消毒，由县级以上农牧部门检查合格后，经原发布封锁令的政府解除封锁令，并通报毗邻地区和有关部门。疫区解除封锁后，病愈鸡需根据带毒时间，控制在原疫区范围内活动，不能将它们调到安全区去。

四、环境消毒

（一）消毒含义

利用物理、化学或生物学方法杀灭或清除外界环境中的病原体，从而切除其传播途径、防止疫病的流行叫作消毒。消毒是贯彻“预防为主”方针的一项重要措施。消毒的目的就是消灭被传染源散播于外界环境中的病原体，以切断传播途径，阻止疫病继续蔓延。根据消毒的目的，可分为预防性消毒、临时消毒和终末消毒。

（二）消毒方法

1. 物理消毒法

（1）机械清除。用机械的方法如清扫、洗刷、通风等清除病原体，是最普通、常用的方法。机械性清除不但可以除去环境中85%的病原体，而且由于去除了各种有机物对病原体的保护作用，从而可使随后的化学消毒剂对病原体发挥更好的杀灭作用，是采用任何消毒方法前必须经过的第一步。

（2）紫外线消毒。利用阳光中的紫外线或紫外线灯进行消毒，消毒效果好，能达到消毒灭菌的目的。可用于鸡舍和孵化室进出口消毒。消毒时，室内必须清洁，人亦必须离开现场。对污染表面消毒时，灯管距表面不超过1米，灯管周围1.5~2米处为消毒有效范围。消毒时间为1~2小时。房舍消毒每10~15平方米面积可设30瓦灯管1个，最好每照2小时间歇1小时，然后再照，以免臭氧浓度过高。当空气相对湿度为45%~60%时，照射3小时可杀灭80%~90%的病原体。

（3）高压蒸汽消毒。蒸汽具有较强的渗透力，高温蒸汽透入菌体，使菌体蛋白质凝固而死亡。主要用于玻璃器皿等兽医防疫器械的消毒。

（4）火焰喷射消毒。用火焰喷射器或喷灯所产生的高温喷射火焰，对鸡舍的墙壁、地面和笼具等进行火焰喷射，将病原体杀死，达到消毒目的。应用火焰消毒时必须注意房舍物品和周围环境的安全。

（5）煮沸消毒。一般细菌在100℃开水中3~5分钟即可被杀死，如同时加入0.5%氢氧化钠或1%~2%碳酸氢钠（小苏打），可加速菌体蛋白、脂肪的溶解脱落，并提高沸点，从而增强消毒效果，各种金属、木质、玻璃用具、衣物等都可以进行煮沸消毒。

（6）焚烧消毒。当发生抵抗力强的病原体引起的传染病时，病鸡的粪便、饲料残渣、垫草、被污染的垃圾和其他价值不大的物品，以及病鸡的尸体，均可用火焰加以焚烧。

2. 化学消毒法 化学消毒的效果取决于许多因素，例如病原体抵抗力的特点，所处环境的情况和性质、消毒时的温度、药剂的浓度、作用时间长短等。在选择化学消毒剂时，应考虑对该病原体的消毒力强、对人和鸡的毒性小、不损害被消毒的物体、易溶于水、在消毒的环境中比较稳定、不易失去消毒作用（如对蛋白质和钙盐的亲和力要小）、价廉易得和使用方便等。

（1）喷雾消毒。将消毒液利用喷雾消毒设备进行雾化，均匀喷洒在路面、墙壁及用具、设备的表面，以达到消毒目的。在生产中，常用这种方法对鸡群进行带鸡喷雾消毒，杀死舍内空气中、笼具表面和鸡鼻孔中的病原微生物，对马立克病病毒、法氏囊病病毒及新城疫病毒有良好的杀灭作用。此外，喷雾消毒还可以降低空气中的粉尘，增加湿度，降低温度。带鸡喷雾消毒时应注意要制度化，雾粒直径要求在80~120微米，消毒液用量为15~30毫克/米^3。

（2）熏蒸消毒。将消毒药经过处理后，使其产生杀菌性气体，用它来消灭一些死角的病原体。为了增加消毒效果，可以密闭鸡舍的门、窗和风口。24小时后再开始通风换气。常用的消毒药为福尔马林和高锰酸钾，多用于鸡舍、孵化室和种蛋的消毒。

（3）浸泡消毒。鸡舍内的一些小用具，如蛋盘等物品可放在消毒水槽内浸泡2小时，然后用水冲洗干净。

3. 生物热消毒 生物热消毒法主要用于被污染的粪便、垃圾等的无害处理。在粪便堆沤过程中，利用粪便中的微生物发酵产热，可使温度高达70℃以上。经过一段时间，可以杀死病原体（芽孢除外）、寄生虫卵等而达到消毒目的，同时又保持了粪便的良好肥效，但不适用于由产芽孢的病菌所致疫病的粪便消毒，这种粪便最好予以焚毁。

（三）消毒剂的分类

1. 按消毒剂作用水平的不同分类　可分为高效消毒剂、中效消毒剂、低效消毒剂。

（1）高效消毒剂。可杀灭所有微生物，包括各种细菌繁殖体（包括分枝杆菌）、病毒、真菌及其孢子等，对细菌芽孢也有一定杀灭作用，是达到高水平消毒要求的制剂，这类消毒剂也称杀菌剂。常用的有过氧乙酸、甲醛、戊二醛、碘制剂等。

（2）中效消毒剂。除不能杀死细菌芽孢外，可杀死细菌繁殖体、真菌和病毒等其他微生物。常用的有乙醇、氯制剂等。

（3）低效消毒剂。可杀死部分细菌繁殖体、真菌和囊膜病毒，不能杀灭结核杆菌、细菌芽孢和非囊膜病毒。如季铵盐类等阳离子表面活性剂等。

2. 按消毒剂化学性质分类　可分为过氧化物类消毒剂、含氯消毒剂、醛类消毒剂、含碘消毒剂、酚类消毒剂、季铵盐类等。

（1）过氧化物类消毒剂。由于它们具有强氧化能力，各种微生物对其十分敏感，可将所有微生物杀灭。它们的优点是消毒后在物品上不留残余毒性，但由于化学性质不稳定需现用现配，使用不方便，且因其氧化能力强，高浓度时可刺激、损害皮肤黏膜，腐蚀物品。

（2）醛类消毒剂。如甲醛的水溶液，其杀菌作用是甲醛与微生物蛋白质的氨基结合引起蛋白质变性所致，它还有防腐、防臭的功效。但刺激性较大，由于它对人体皮肤、黏膜有刺激和固化作用，并可使人致敏，因此不可用于空气、食具等的消毒，一般仅用于器械的消毒或灭菌，且经消毒或灭菌的物品必须用灭菌水将残留的消毒液冲洗干净才可使用。

（3）含氯消毒剂。含氯消毒剂是指溶于水产生具有杀微生物活性的次氯酸的消毒剂，其杀微生物有效成分常以有效氯表示。次氯酸分子质量小，易扩散到细菌表面，并穿透细胞膜进入菌体内，使菌体蛋白氧化导致细菌死亡。含氯消毒剂可杀灭各种微生物，包括细菌繁殖体、病毒、真菌、结核杆菌和抗力最强的细菌芽孢。但对病毒作用不大，性质不稳定，容易受日光照射和水质及 pH 值影响，有效度易散失，故必须现配现用。

（4）含碘消毒剂。含碘消毒剂包括碘酊和碘伏，可杀灭细菌繁殖体、真菌和部分病毒，可用于皮肤、黏膜消毒。一般碘酊的使用浓度为 2%，碘伏使用浓度为 0.3%~0.5%。

（5）酚类消毒剂。这类消毒剂能使病原微生物的蛋白变性、沉淀而起杀菌作用，能杀死一般细菌。复合酚能杀灭芽孢、病毒和真菌。主要有苯酚、复合酚、煤酚等。

（6）双链季铵盐及季铵盐络合碘消毒剂。双链季铵盐消毒剂作用比一般单链季铵盐化合物强数倍，能迅速渗入胞浆膜脂质体和蛋白质体，改变细胞膜通透性，因此，具有较强的杀菌作用。对细菌、病毒及真菌等都有杀灭作用。季铵盐络合碘消毒剂利用了碘和季铵盐的协同消毒作用，兼具氧化性和非氧化性两者特征，能有效地杀灭亲水性病毒和亲脂性病毒，是消毒剂家族的新成员。该产品克服了过氧化物、复合酚、氧化剂稳定性差、腐蚀强的缺点，是优秀的绿色环保消毒剂，能以主动吸附、快速渗透和阻塞呼吸的方式在常温下低浓度快速杀灭病毒、病菌、霉菌、真菌及各种畜禽致病微生物。对金黄葡萄球菌、大肠杆菌、法氏囊病毒、流感病毒、减蛋综合征病毒等有强大的杀灭作用。两种消毒剂都可用于饮水消毒、鸡群喷雾消毒、环境消毒、饲养用具消毒等。市场上出售的这类消毒剂名称各异，但主要含量都大同小异，使用时按说明操作即可。

(四) 鸡场常用消毒剂

1. 福尔马林　福尔马林为含有37%~40%甲醛的水溶液，其杀菌作用主要是甲醛与微生物蛋白质的氨基结合，引起蛋白质变性所致。它有很强的消毒作用，对一般病毒、细菌等消毒效果都颇佳，但对抗酸菌、芽孢的效果较差。福尔马林常和高锰酸钾以2∶1的比例混合用于鸡舍和孵化机的熏蒸消毒。在容器中先加入高锰酸钾，再加入福尔马林，密闭门窗7小时以上便可达到消毒目的，然后敞开门窗通风换气，消除残余气味便可以进鸡。需要注意的一点是，用于熏蒸消毒的容器必须是瓷器或砂锅之类不容易被腐蚀的器皿。2%~4%的水溶液可用来喷洒墙壁、地面等。其毒性、刺激性大。

2. 过氧乙酸　为氧化剂类消毒剂，是强氧化剂，纯品为无色澄明液体，易溶于水，有广谱杀菌作用，作用快而强，能杀死细菌、霉菌、芽孢及病毒，不稳定，宜现配现用。用3%~5%溶液加热熏蒸，每立方米空间2~5毫升，熏蒸后密闭门窗1~2小时；0.05%~0.5%或以上喷雾，喷雾时消毒人员应戴防护目镜、手套和口罩，喷后密闭门窗1~2小时；0.04%~0.2%溶液用于耐腐蚀小件物品的浸泡消毒，时间20~120分钟。

3. 戊二醛　戊二醛是目前较常用的一种广谱、高效消毒剂，杀菌能力比甲醛高2~3倍，杀菌速度很快，刺激性、腐蚀性和毒性都比较小。2%戊二醛溶液加入0.3%碳酸氢钠成为2%碱性戊二醛，能杀灭芽孢、细菌、真菌、结核杆菌和病毒，与非离子型化合物可复配成强化戊二醛消毒剂，作用时间可长达18个月。

4. 氢氧化钠　氢氧化钠又名烧碱、火碱，其杀菌作用是使微生物水解失去活性。对细菌和病毒均有强大的杀灭能力，也能抑制芽孢的生长，同时有清洁作用。主要用于场地、栏舍等的消毒。虽然刺激性、腐蚀性和毒性强，但是稳定性较好，不怕有机物，且价格较低，故通常被养殖户使用。但其对皮肤、衣物有灼烧作用，对金属有腐蚀作用。2%～4%溶液可杀死病毒和繁殖型细菌，30%溶液10分钟可杀死芽孢，4%溶液45分钟杀死芽孢，如加入10%食盐能增强杀芽孢能力。实践中常以2%的溶液用于消毒，消毒1~2小时后，用清水冲洗干净。

5. 碘伏 为碘消毒剂，对各种细菌、芽孢、病毒及真菌均有杀灭能力，作用迅速，性质稳定，耐储存，气味小，无刺激，无腐蚀，毒性低。对金黄色葡萄球菌、大肠杆菌等的杀菌率可达100%，在pH值2～4的酸性溶液中效力更高，当pH值升高时其效力降低。碘伏可直接破坏微生物核酸，但极易被有机物质中和，因而只有在清洁的表面使用方有效。可用于体表、水槽等的喷雾消毒。用5%溶液喷洒消毒鸡群，每立方米用药3～9毫升。用于饮水消毒，可在每升饮水中加原药液15～20毫升，连饮3～5天。

6. 石灰（生石灰） 为碱类消毒剂，主要成分是氧化钙，加水即成氢氧化钙，俗名熟石灰或消石灰，具有强碱性，但水溶性小，解离出来的氢氧根离子不多，消毒作用不强。1%石灰水杀死一般的繁殖型细菌要数小时，3%石灰水杀死沙门菌要1小时，对芽孢和结核菌无效。其最大的特点是价廉易得。实践中，20份石灰加水到100份制成石灰乳，用于涂刷墙体、栏舍、地面等，或直接加石灰于被消毒的液体中，或洒在阴湿地面、粪池周围及污水沟等处消毒。

7. 赛可新 为酸类消毒剂，主要成分是复合有机酸，用于饮水消毒，用量为每升饮水添加1.0~3.0毫升。

8. 农福 为酸类消毒剂，由有机酸、表面活性剂和高分子量杀微生物剂混合而成。对病毒、细菌、真菌、支原体等都有杀灭作用。常规喷雾消毒做1∶200倍稀释，每平方米使用稀释液300毫升；消毒池做1∶100倍稀释，至少每周更换1次。

9. 漂白粉 为卤素类消毒剂，灰白色粉末状，有氯臭，难溶于水，易吸潮分解，宜密闭、干燥处储存。杀菌作用快而强，价廉而有效，广泛应用于栏舍、地面、粪池、排泄物、车辆、饮水等的消毒。饮水消毒可在 1 000 千克水中加 6～10 克漂白粉，10～30 分钟后即可饮用；地面和路面可先撒干粉再洒水；粪便和污水可按 1∶5 的用量，一边搅拌，一边加入漂白粉。

10. 二氧化氯消毒剂　为卤素类消毒剂，是国际上公认的新一代广谱强力消毒剂，被世界卫生组织列为 A1 级高效安全消毒剂，杀菌能力是氯气的 3～5 倍；可应用于畜禽活体、饮水、鲜活饲料消毒保鲜及栏舍空气、地面、设施等环境消毒、除臭；本品使用安全、方便，消毒除臭作用强，单位面积使用价格低。

11. 百毒杀　为双链季铵盐广谱杀菌消毒剂，无色、无味、无刺激和无腐蚀性，可带畜、禽消毒。配制成 0.03%或相应的浓度用于畜禽圈舍、环境、用具、种蛋、孵化室的消毒，0.01%的浓度用于饮水消毒。

12. 菌毒灭　为复合双链季铵盐灭菌消毒剂，具有广谱、高效、无毒等特点，对病毒、细菌、霉菌及支原体等病原体都有杀灭作用；饮水做 1∶（1 500～2 000）倍稀释；日常对环境、栏舍、器械消毒（喷雾、冲洗、浸泡）做 1∶（500～1 000）倍稀释；发病时做 300 倍稀释。

五、杀虫方法

蝇、蚊等节肢动物都是动物疫病的重要传播媒介。因此，杀灭这些媒介昆虫和防止它们的出现，在预防和扑灭动物疫病方面有重要的意义。常用的杀虫方法有：

（一）物理杀虫法

（1）以喷灯火焰喷烧昆虫聚集的墙壁、用具等的缝隙，或以火焰焚烧昆虫聚集的垃圾等废物。

（2）利用 100～160℃的干热空气，杀灭用具和其他物品上昆虫及其虫卵。

(3) 用沸水或蒸汽烧烫车、鸡舍和衣物上的昆虫。

(4) 仪器诱杀，如某些专用灯具、器具。

(5) 机械的拍、打、捕、捉等方法，亦能杀灭一部分昆虫。

(二) 生物杀虫法

这是以昆虫的天敌或病菌及雄虫绝育技术等来杀灭昆虫的方法。

(三) 药物杀虫法

药物杀虫法主要是应用化学杀虫剂来杀虫。根据对节肢动物的毒杀作用，药物杀虫剂可分为胃毒作用药剂、触杀作用药剂、熏蒸作用药剂和内吸作用药剂。目前使用的杀虫剂往往同时兼有两种或两种以上的杀虫作用，主要种类包括有机磷杀虫剂、拟除虫菊酯类杀虫剂、昆虫生长调节剂和驱避剂等。用溴氰菊酯喷洒，2.5%的溴氰菊酯，用水稀释，兑水250倍，在室内墙壁、顶棚、门窗上做滞留喷洒，每平方米喷药液50毫升，喷一次对蚊蝇数日有效。

六、灭鼠方法

鼠类是多种人畜共患传染病的传播媒介和传染源。常使用杀鼠剂进行灭鼠。

(一) 杀鼠剂的种类

1. 按杀鼠速度划分 分为两种，一种为速效性杀鼠剂，一种为缓效性杀鼠剂。

(1) 速效性杀鼠剂（急性单剂量杀鼠剂）。如磷化锌、安妥等。其特点是作用快，鼠类取食后即可致死。缺点是毒性高，对人畜不安全，并可产生第二次中毒，鼠类取食一次后若不能致死，易产生拒食性。

(2) 缓效性杀鼠剂（慢性多剂量杀鼠剂）。如杀鼠灵、敌鼠钠、鼠得克、大隆等。其特点是药剂在鼠体内排泄慢，鼠类连续取食数次，药剂蓄积到一定剂量方可使鼠中毒致死，对人畜危险性较小。按来源可分为三类：无机杀鼠剂有黄磷、白砒等；植物性杀鼠剂有马前子、红海葱等；有机合成杀鼠剂有杀鼠灵、敌鼠钠、大隆等。

2. 按作用方式划分　分为胃毒剂、熏蒸剂、驱避剂和引诱剂、不育剂四大类。

（1）胃毒性杀鼠剂。本药剂通过鼠取食进入消化系统，使鼠中毒致死。这类杀鼠剂一般用量低、适口性好、杀鼠效果高，对人畜安全，是目前主要使用的杀鼠剂，主要品种有敌鼠钠、溴敌隆、杀鼠醚等。

（2）熏蒸性杀鼠剂。药剂蒸发或燃烧释放有毒气体，经鼠呼吸系统进入鼠体内，使鼠中毒死亡，如氯化苦、溴甲烷、磷化锌等。其优点是不受鼠取食行动的影响，且作用快，无二次毒性；缺点是用量大，施药时防护条件及操作技术要求高，操作费工，适宜于室内专业化使用，不适宜鸡舍使用，但可以在仓库等其他地点使用。

（3）驱鼠剂和诱鼠剂。驱鼠剂的作用是把鼠驱避，使鼠不愿意靠近施用过药剂的物品，以保护物品不被鼠咬。诱鼠剂是将鼠诱集，但不直接杀害鼠的药剂。

（4）不育剂。通过药物的作用使雌鼠或雄鼠不育，降低其出生率，以达到防除的目的，属于间接杀鼠剂，亦称化学绝育剂。

（二）杀鼠剂的投放原则

投放杀鼠剂时，选择老鼠经常活动和行走的地方，易于老鼠采食但又不能太靠近鼠洞，以免引起鼠类的猜疑，一般紧贴墙壁、角落。

（三）投放地点

杀鼠剂投放地点有天花板上，门的两侧，门窗上面，下水道，饲料仓库，鼠粪和鼠洞比较多的地方，靠近水源的地方。注意不要让鸡采食到杀鼠剂。

七、药物防治

（一）药物预防

药物预防是为了控制某些疫病而在鸡群的饲料、饮水中加入某种安全的药物进行集体的化学预防，在一定时间内可以使受威胁的易感鸡不受疫病的危害。这也是预防和控制传染病的有效措施之一。

1. 药物预防的原则和方法

（1）选择合适的药物。预防用药一般选用常规药物即常用的一线药物即可，如青霉素、诺氟沙星等。特殊情况下，预防疾病的目标很明确时可选用特定药物。

（2）严格掌握药物的种类、剂量和用法。预防用药种类不宜超过两种，剂量、用法应以药物制造商推荐的用量和方法为依据。

（3）掌握好用药时间和时机，做到定期、间断和灵活用药。在无疫情流行、动物健康状况良好的情况下，每个月定期只用一个疗程（5 天左右）的预防药物即可。有疫情发生时可根据需要适当增加用药时间或疗程。当天气变化、更换饲料、转群、长途运输、某些疫苗的免疫接种时，可随时或提前 1 天给予药物预防，以避免应激而诱发疫病。

（4）交叉用药，定期更换。一个鸡群避免长期使用同一种药物，应定期更换、交叉使用几种药物。一般一种药物连续使用 1 年左右即可考虑更换。

（5）搅拌均匀。注意经料给药时应将药物搅拌均匀，特别是小型饲养场手工拌料更要注意，采取由少到多、逐级混合的搅拌方法比较可靠。经水给药则应注意让药物充分溶解。

2. 药物预防注意事项

（1）添加药物种类不宜过多。一些人总想把所有能用药物预防的疫病都通过添加药物来控制，认为添加的药物种类越多越保险，因此无限制地增加预防药物的种类，有的甚至用药多达6种以上。这样不仅造成不必要的浪费、增加了蛋鸡机体的负担，甚至造成中毒和药物残留，而且由于长期使用这些药物，一旦发病，其敏感性均大大降低，找不到合适药物时很难控制。

（2）用药时间不能过长。有些养鸡场担心发生疫情，饲料中一年到头药物不断。另外，出于竞争目的，大多数饲料厂为了显示本厂的饲料具有防病、促生长作用，都在饲料中加入不同种类和剂量的抗菌药物，造成饲养场的被动用药，致使动物用药时间过长。

（3）用药剂量不宜过大。与治疗相比，一般预防用药剂量应减半，但有些场往往采用治疗剂量；加之饲料厂一般都在饲料中预先加入了抗生素，饲养场再加药物就等于重复用药，从而导致用药剂量过大。

（4）不能过早使用二线药物。预防用药应该使用一线药物即常规药物，如青霉素、链霉素等；只有在治疗时遇到耐药菌株的情况下才使用二线药物即新一代药物，如头孢类。但很多养殖场往往喜欢把最新的二线药物当作预防用药，长期使用后蛋鸡一旦发病，新的药物也无法控制疫病。

（5）药物拌料或饮水要均匀。有些养殖场药物拌料或饮水不均匀，达不到预期效果，甚至引起个别动物中毒。

（6）不能过分依赖药物预防。许多养殖场都把预防疫病的希望寄托在疫苗和药物上，认为只要打了疫苗、用了药物蛋鸡就会平安无事、万事大吉，从而放松了饲养管理、卫生消毒等综合预防措施。凡此种种，都给药物预防工作带来了诸多不良影响，特别是药物残留和耐药性问题尤为突出。为了解决这些矛盾，避免药物预防产生的各种不良影响，必须遵循科学、合理的药物预防原则，采取正确的药物防治策略和措施。

3. 兽药残留产生的原因　一是不正确用药，如用药剂量、给药途径及动物种类不符合用药要求；二是未执行休药期的规定，在休药期以前屠宰动物；三是使用违禁药物即标准规定不许使用的药物。另外，蛋鸡个体代谢差异也是导致兽药残留超标的原因。

（二）药物治疗

使用药物治疗的目的是使机体的病理学过程恢复到正常状态，或把病原体清除以保护机体的正常功能。要达到这个目的，必须以现代的、系统的医药知识，在了解疾病和药物的基础上，安全、有效、适时、简便、经济地使用药物，以达到最大疗效和最小的不良反应。

1. 正确诊断疾病　每种疾病都有特定的病理学过程和临诊症状，要充分了解发病原因、病理学过程，才能做出正确的诊断，做到对因、对症下药，否则非但无益，还可能耽误疾病治疗。

2. 药物选择　针对蛋鸡具体疾病指征，选择疗效好、不良反应小、价廉易得、疗效确实的药物。掌握剂量，既要做到用药足量保证疗效，又要防止用药过量引起中毒；疗程要足，避免一天一换药，否则药物在血液中达不到有效浓度，难以取得应有疗效；对于抗菌药物应定期更换，穿梭用药，不宜长期使用一种药物，以免产生耐药菌株；既要注意联合用药，又要避免药物种类过多造成浪费或药物中毒，或药物间发生拮抗作用。

3. 群体给药法　为了预防或治疗蛋鸡传染病和寄生虫病及促进蛋鸡生长、发育等，常常对蛋鸡群体施用药物。常用方法有以下几种：

（1）混饲给药。将药物均匀混入饲料中，让蛋鸡吃料时能同时吃进药物。此法简单易行，适用于长期投药。不溶于水的药物用此法更为恰当。注意药物浓度必须准确、混合必须均匀。

（2）混水给药。将药物溶于水中，让蛋鸡自由饮用。此法尤其适用于因病不能吃食但还能饮水的蛋鸡。注意：根据动物可能饮水的量来计算药量与药液浓度。对不溶于水的药物可使用助溶剂，对于在水中易破坏的药物可限制时间饮用药液，以保证疗效。

（3）气雾给药。将药物以气雾剂的形式喷出，使之分散成微粒，让蛋鸡经呼吸道吸入而在呼吸道发挥局部作用，或使药物经肺泡吸收进入血液而发挥全身治疗作用。室内空气消毒和杀虫常用此方法。气雾吸入要求药物对蛋鸡呼吸道无刺激性，且药物能溶解于呼吸道的分泌液中，否则会引起呼吸道炎症。喷雾器喷药或用烟熏剂给药也类似气雾给药。

（4）药浴。杀灭体表寄生虫时常用的一种方法。可将蛋鸡放入溶有药物的水中浸洗。也可将蛋鸡放入拌有药物的沙子中，将药物黏附在羽毛上发挥杀虫作用即“沙浴”。

（5）环境消毒。为了杀灭环境中的寄生虫与病原微生物，除采用上述气雾给药外，最简单的就是往鸡舍及饲养场地喷洒药液，或用药液浸泡、洗刷饲喂器具及与蛋鸡接触的用具。注意要掌握药液浓度，对刺激性强及毒性强的药物要在消毒后及时除去，以防中毒。

4. 治疗方法 蛋鸡传染病的治疗原则是早期治疗，标本兼治，特异和非特异性结合，药物治疗与综合措施相配合。既要考虑加强饲养管理，增强机体自身抵抗力，又要减缓或消除机体某些严重的症状，调整、恢复生理功能，促使机体战胜疫病，恢复健康；还要帮助机体消灭或抑制病原体，消除其致病作用。针对病原体的疗法一般可分为特异性疗法、抗生素疗法和化学疗法等。

(1) 特异性疗法。应用针对某种传染病的高度免疫血清、痊愈血清（或全血）、卵黄抗体等特异性生物制品进行治疗，因为这些制品只对某种特定的传染病有疗效，而对他种传染病无效，故称为特异性疗法。

(2) 抗生素疗法。抗生素是某些细菌、放线菌、真菌等微生物的次级代谢产物。包括β-内酰胺类（青霉素类、头孢菌素类）、大环内酯类及林可胺类、氨基糖苷类、四环素类及酰胺醇类和多肽类。抗生素是细菌性传染病的主要治疗药物，在兽医实践中的应用日益广泛，并已获得显著成效。但在现代生态养殖过程中，最好不用或尽量少用抗生素，必须使用时，也要合理应用，才能发挥疗效。应用不合理或滥用抗生素往往引起种种不良后果。一方面可能使敏感病原体对药物产生耐药性，另一方面可能对机体引起不良反应，甚至中毒。

使用抗生素时应注意以下几个问题：掌握抗生素的适应证，选用适当药物；要考虑到用量、疗程、给药途径、不良反应、经济价值等问题；不要滥用，例如常用的抗生素对大多病毒性传染病无效，一般不宜应用，即使在某种情况下为了控制继发感染，但在病毒性感染继续加剧的情况下，对病鸡也是无益而有害的。屠宰前一定时间不准使用抗生素等药物治疗，因为这些药物在蛋鸡产品中的残留会对人类产生危害；应按照药理学理论，并结合临诊经验严格控制抗生素的联合应用。

(3) 化学疗法。化学疗法是指用化学合成抗菌药对病鸡进行治疗。蛋鸡传染病最常用的化学药物有：磺胺类药物、喹诺酮类（诺氟沙星、环丙沙星、恩诺沙星、沙拉沙星等）、喹噁啉类、硝基咪唑类等。

(4) 抗病毒药物。抗病毒感染的药物近年来有所发展，但仍远较抗菌药物为少，毒性一般也较大。不提倡使用。但中药抗病毒效果佳，值得推广，如黄芪多糖、板蓝根等。

八、兽药使用要求

兽药使用要求见表5-1、表5-2。

表5-1 生态养殖蛋鸡饲养管理中兽药使用的相关准则

准则	名称	主要内容
农牧发〔2001〕20号	饲料药物添加剂使用规范	①饲料药物的商品名称；②有效成分；③有效含量；④适用动物；⑤作用与用途；⑥用法与用量；⑦注意事项
农业部公告第176号	禁止在饲料和动物饮用水中使用的药物品种目录	①肾上腺素受体激动剂类；②性激素类；③蛋白同化激素类；④精神药品类；⑤抗生素类
NY 5030—2006	无公害食品 畜禽饲养兽药使用准则	（1）蛋鸡预防和治疗用药必须选用《无公害蛋鸡饲养兽药使用准则》中规定的药物 （2）要注意药物产生的不良影响，优先选择药效好、毒性小的药物，治疗用药应在兽医的指导下进行 （3）育成后期至产蛋期间，在正常情况下，禁止使用任何药物，包括中草药和抗生素 （4）产蛋期间发生疾病必须用药时，应选择《无公害食品蛋鸡饲养兽药使用准则》中规定的可用药物，在用药及用药结束后的一段时间，所产鸡蛋不得作为食品蛋出售

表 5-2　生态养殖蛋鸡饲养管理中兽药使用要求

项目	主要内容
生态养殖蛋鸡饲养管理中兽药使用要求	(1) 临床兽医和畜禽饲养者应遵守《兽药管理条例》的有关规定使用兽药，凭专业兽医开具的经国务院兽医行政管理部门规定的兽医处方药 (2) 禁止使用国务院兽医行政管理部门规定的禁用药品 (3) 临床兽医和畜禽饲养者进行预防、治疗和诊断畜禽疾病所用的兽药应是来自具有《兽药生产许可证》，并获得农业部颁发的《中华人民共和国兽药 GMP 证书》的兽药生产企业或农业部批准注册进口的兽药，其质量均应符合相关的兽药国家质量标准 (4) 临床兽医应严格按《中华人民共和国动物防疫法》的规定对畜禽进行免疫。防止畜禽发病和死亡 (5) 临床兽医使用拟肾上腺素药、平喘药、抗胆碱药与拟胆碱药、肾上腺皮质激素类药和解热镇痛药，应严格按国务院兽医行政管理部门规定的作用用途和用法用量使用 (6) 使用饲料药物添加剂应符合农业部《饲料药物添加剂使用规范》的规定。禁止将原料药直接添加到饲料及动物饮用水中或直接饲喂动物 (7) 临床兽医应慎用经农业部批准的拟肾上腺素药、平喘药、抗胆碱药与拟胆碱药、肾上腺皮质激素类药和解热镇痛药 (8) 非临床医疗需要，禁止使用麻醉药、镇痛药、镇静药、中枢兴奋药、雄性激素、雌性激素、化学保定药及骨骼肌松弛药。必须使用该类药物时，应凭专业兽医开具的处方用药
生态养殖蛋鸡生产中允许使用的药品及疫苗	(1) 用于蛋鸡预防和治疗的兽药应来自具有《兽药生产许可证》并具有产品批准文号的生产企业，或具有《进口兽药登记许可证》供应商 (2) 允许使用消毒防腐剂对饲养环境、畜舍和器具进行消毒，但必须符合有关标准和规定 (3) 应使用疫苗及允许使用的中药或中药成方制剂进行疫病的防治 (4) 允许使用符合国家规定的疫苗、中药材、微生态制剂、微量及常量元素补充药、营养药、维生素类药等药物

续表

项目	主要内容
生态养殖蛋鸡生产中禁止和限制使用的药品	(1) 禁止使用具有致畸、致癌、致突变作用的兽药 (2) 禁止使用含对环境造成严重污染的兽药 (3) 限制使用某些人、畜共用药，主要是青霉素类和喹诺酮类药物 (4) 禁止使用未经国家畜牧兽药行业管理部门批准，用基因工程方法生产的兽药

九、兽药使用记录

(1) 临床兽医和畜禽饲养者使用兽药，应认真做好用药记录。

(2) 用药记录至少应包括用药的名称（商品名和通用名）、剂型、剂量、给药途径、疗程、药物的生产企业、产品的批准文号、生产日期、批号等。

(3) 使用兽药的单位或个人均应建立用药记录档案，并保存1年（含1年）以上。

(4) 临床兽医和饲养者应严格执行国务院兽医行政管理部门规定的兽药休药期，并向购买者或屠宰者提供准确、真实的用药记录。

(5) 应记录休药期内，其废弃产品的处理方式。

十、兽药不良反应报告

(1) 临床兽医和蛋鸡饲养者使用兽药，应对兽药的治疗效果、不良反应进行观察记录。

(2) 发生动物死亡时，应请专业兽医进行解剖，分析是药物原因或是疾病原因。发现可能与兽药使用有关的严重不良反应时，应当立即向所在地人民政府兽医行政管理部门报告。

(3) 食品动物禁用的兽药及其他化合物清单见表5-3。无公害食品蛋鸡饲养中允许使用的预防用药见表5-4。无公害食品蛋鸡饲养中允许使用的治疗用药见表5-5。鸡常用药物的休药期、应用限制和允许残留量见表5-6。

表5-3 食品动物禁用的兽药及其他化合物清单

序号	兽药及其他化合物名称	禁止用途	禁用动物
1	β-兴奋剂类：克仑特罗 Clenbuterol、沙丁胺醇 Salbutamol、西马特罗 Cimaterol 及其盐、酯及其制剂	所有用途	所有食品动物
2	性激素类：己烯雌酚 Diethylstilbestrol 及其盐、酯及其制剂	所有用途	所有食品动物
3	具有雌激素样作用的物质：玉米赤霉醇 Zeranol、去甲雄三烯醇酮 Trenbolone、醋酸甲羟孕酮 Mengestrol Acetate 及其制剂	所有用途	所有食品动物
4	氯霉素 Chloramphenicol 及其盐、酯（包括：琥珀氯霉素 Chloramphenicol Succinate）及其制剂	所有用途	所有食品动物
5	氨苯砜 Dapsone 及其制剂	所有用途	所有食品动物
6	硝基呋喃类：呋喃唑酮 Furazolidone、呋喃他酮 Furahadone、呋喃苯烯酸钠 Nifurstyrenate sodium 及其制剂	所有用途	所有食品动物
7	硝基化合物：硝基酚钠 Sodium nitrophenolate、硝呋烯腙 Nitrovin 及其制剂	所有用途	所有食品动物
8	催眠、镇静类：甲喹酮 Methaqualone 及其制剂	所有用途	所有食品动物
9	林丹（丙体六六六）Lindane	杀虫剂	水生食品动物
10	毒杀芬（氯化烯）Camahechlor	杀虫剂、清塘剂	水生食品动物
11	呋喃丹（克百威）Carbofuran	杀虫剂	水生食品动物
12	杀虫脒（克死螨）Chlordimeform	杀虫剂	水生食品动物

续表

序号	兽药及其他化合物名称	禁止用途	禁用动物
13	双甲脒 Amitraz	杀虫剂	水生食品动物
14	酒石酸锑钾 Antimony potassium tartrate	杀虫剂	水生食品动物
15	锥虫胂胺 Tryparsamide	杀虫剂	水生食品动物
16	孔雀石绿 Malachite green	抗菌杀虫剂	水生食品动物
17	五氯酚酸钠 Pentachlorophenol sodium	杀螺剂	水生食品动物
18	各种汞制剂：氯化亚汞（甘汞）Calomel、硝酸亚汞 Mercurous nitrate、醋酸汞 Mercurous acetare、吡啶基乙酸亚汞 Pyridyl mercurous acetate	杀虫剂	动物
19	性激素类：甲睾酮 Methyltestosterone、丙酸睾酮 Testosterone Propionate、苯丙酸诺龙 Nandrolone Phenylpropionate、苯甲酸雌二醇 Estradiol Benzoate 及其盐、酯及其制剂	促生长	所有食品动物
20	催眠、镇静类：氯丙嗪 Chlorpromazine、地西泮（安定）Diazepam 及其盐、酯及其制剂	促生长	所有食品动物
21	硝基咪唑类：甲硝唑 Metronidazole、地美硝唑 Dimetronidazole 及其盐、酯及其制剂	促生长	所有食品动物

注：食品动物是指各种供人食用或其产品供人食用的动物。

表 5-4 生态养殖蛋鸡生产中允许使用的预防用药

类别	药品名称	剂型	用法与用量（以有效成分计）	休药期（天）	用途	注意事项
抗菌药	亚甲基水杨酸杆菌肽	可溶性粉剂	混饮：25 毫克/升（预防量）	0	治疗慢性呼吸道病，提高产蛋率，提高产蛋期饲料效率	每天新配
	杆菌肽锌+硫酸黏杆菌素	预混剂	混饲：2～20 克/吨	7	预防革兰氏阳性菌与革兰氏阴性菌感染	

续表

类别	药品名称	剂型	用法与用量（以有效成分计）	休药期（天）	用途	注意事项
抗菌药	金霉素（饲料级）	预混剂	混饲：20～50克/吨	7	促进畜禽生长	10周龄以内
	硫酸黏杆菌素	可溶粉剂、预混剂	混饮：20～60毫克/升 混饲：2～20克/吨	7	治疗革兰氏阴性菌感染引起的肠道疾病，促生长	避免连用药1周以上
	吉他霉素	预混剂	混饲：5～11克/吨	7	治疗革兰氏阳性菌感染，支原体感染，促生长	
	牛至油	预混剂	促生长：1.25～12.5克/吨 预防：11.25克/吨	0	治疗大肠杆菌、沙门杆菌所致下痢	
	土霉素钙	粉剂	混饲：10～50克/吨，10周龄以下用	5	促生长	添加低钙饲料时，连续用药不超过5天
	酒石酸泰乐菌素	可溶性粉剂	混饮：0.5克/升，连用3～5天	1	治疗革兰氏阳性菌感染，支原体感染促生长	
	维吉尼亚霉素	预混剂	混饲：5～20克/吨	1	治疗革兰氏阳性菌感染，支原体感染，促生长	

续表

类别	药品名称	剂型	用法与用量（以有效成分计）	休药期（天）	用途	注意事项
抗球虫药	盐酸氨丙啉+乙氧酰胺苯甲酯	预混剂	混饲：125克/吨+8克/吨	3	抗球虫病	
	盐酸氨丙啉+磺胺喹噁啉	可溶性粉剂	混饮：0.5克/升，连用2~4天	7	抗球虫病	
	盐酸氨丙啉+乙氧酰胺苯甲酯+磺胺喹噁啉	预混剂	混饲：100克/吨+5克/吨+60克/吨	7	抗球虫病	
	氯羟吡啶	预混剂	混饲：125克/吨	5	抗球虫病	
	地克珠利	预混剂 溶液	混饲：1克/吨。混饮：0.5~1毫克/升		抗球虫病	
	二硝托胺	预混剂	混饲：125克/吨	3	抗球虫病	
	氢溴酸常山酮	预混剂	混饲：3克/吨	5	抗球虫病	
	拉沙洛西钠	预混剂	混饲：75~125克/吨	3	抗球虫病	
	马杜霉素铵盐	预混剂	混饲：5克/吨	5	抗球虫病	

续表

类别	药品名称	剂型	用法与用量（以有效成分计）	休药期（天）	用途	注意事项
抗球虫药	莫能菌素钠	预混剂	混饲：90～110克/吨	5	抗球虫病	禁与泰妙菌素、竹桃霉素并用
	甲基盐霉素	预混剂	混饲：6～8克/吨	5	抗球虫病	禁与泰妙菌素、竹桃霉素及其他抗球虫药并用
	甲基盐霉素+尼卡巴嗪	预混剂	混饲：24.8～44.8克/吨+24.8～44.8克/吨	5	抗球虫病	
	尼卡巴嗪	预混剂	混饲：20～50克/吨	4	抗球虫病	
	尼卡巴嗪+乙氧酰胺苯甲酯	预混剂	混饲：125克/吨+8克/吨	9	抗球虫病	
	盐霉素钠	预混剂	混饲：60克/吨	5	抗球虫病及促生长	禁与泰妙菌素、竹桃霉素并用
	赛杜霉素钠	预混剂	混饲：25克/吨	5	抗球虫病	

续表

类别	药品名称	剂型	用法与用量（以有效成分计）	休药期（天）	用途	注意事项
抗球虫药	磺胺氯吡嗪钠	可溶性粉剂	混饮：0.3克/升 混饲：600克/吨饲料，连用5~10天	1	抗球虫病、鸡霍乱、伤寒病	不得作为饲料添加剂长期使用，凭兽医处方购买
	磺胺喹噁啉+二甲氧苄氨嘧啶	预混剂	混饲：100克/吨饲料+20克/吨饲料	10	抗球虫病	凭兽医处方购买

表 5-5　生态养殖蛋鸡允许使用的治疗用药

类别	药品名称	剂型	用法与用量（以有效成分计）	休药期（天）	用途	注意事项
抗寄生虫药	盐酸氨丙啉	可溶性粉剂	混饮：240毫克/升水，连用5~10天	1	抗球虫病	饲料中维生素 D_1 含量在10毫克/千克以上时明显拮抗
	盐酸氨丙啉+磺胺喹噁啉钠	可溶性粉剂	混饮：240毫克/升+180毫克/升，连用3天，停2~3天，再用2~3天	7	抗球虫病	

续表

类别	药品名称	剂型	用法与用量（以有效成分计）	休药期（天）	用途	注意事项
抗寄生虫药	二硝托胺	预混剂	混饲：125克/吨饲料	3	抗球虫病	
	越霉素A	预混剂	混饲：5~10克/吨饲料，连用8周	3	抗蛔虫病	
	潮霉素B	预混剂	混饲：8~12克/吨饲料，连用8周	3	抗蛔虫病	
	芬苯达唑	粉剂	口服：10~50毫克/千克体重		抗线虫和绦虫病	
	氟苯咪唑	预混剂	混饲：30克/吨饲料，连用4~7天	14	驱除胃肠道线虫及绦虫	
	甲基盐霉素+尼卡巴嗪	预混剂	混饲：(24.8+24.8）克/吨饲料或（44.8+44.8）克/吨饲料	5	抗球虫病	禁与泰妙菌素、竹桃霉素并用，高温季节慎用
	盐酸氯苯胍	片剂混剂	口服：10~15毫克/千克体重。混饲：（3~6）克/吨饲料	5	抗球虫病	影响肉品质
	磺胺喹噁啉钠+二甲氧苄氨嘧啶	预混剂	混饲：（100+20）克/吨饲料	10	抗球虫病	

续表

类别	药品名称	剂型	用法与用量（以有效成分计）	休药期（天）	用途	注意事项
抗寄生虫药	磺胺喹噁啉钠	可溶性粉剂	混饮：300～500毫克/升水，连续饮用不超过5天	10	抗球虫病	
	妥曲珠利	溶液	混饮：7毫克/千克体重，连用2天	21	抗球虫病	
抗生素类	硫酸安普霉素	可溶性粉剂	混饮：0.25～0.5克/升，连饮5天	7	治疗大肠杆菌、沙门杆菌及部分支原体感染	
	亚甲基水杨酸杆菌肽	可溶性粉剂	混饮：50～100毫克/升，连用5～7天	0	治疗慢性呼吸道病，提高产蛋量，提高产蛋期饲料效率	每日新配
	甲磺酸达氟沙星	溶液	混饮：20～50毫克/升，1次/天，连用3天		抗细菌与支原体感染	
	盐酸二氟沙星	粉剂、溶液	内服：5～10毫克/千克体重，2次/天，连用3～5天		抗细菌与支原体感染	
	恩诺沙星	粉剂、溶液	混饮：25～75毫克/千克，连用3～5天	2	抗细菌性疾病与支原体感染	避免与四环素、大环内酯类合用，避免与含铁、镁、铝药物或全价配合饲料同服

续表

类别	药品名称	剂型	用法与用量（以有效成分计）	休药期（天）	用途	注意事项
抗生素类	硫酸红霉素	可溶性粉剂	混饮：125毫克/千克，连用3～5天	3	抗革兰氏阳性菌与支原体感染	
	氟苯尼考	粉剂	内服：20～30毫克/千克体重，连用3～5天	30	抗敏感菌所致细菌性疾病	
	氟甲喹	可溶性粉剂	内服：3～6毫克/千克体重，2次/天，连用3～4天，首次量加倍		抗革兰氏阴性菌与支原体感染	

表5-6　鸡常用药物的休药期、应用限制和允许残留量

药名	休药期（天）	应用限制	允许残留量（毫克/千克）
对氨基苯胂酸或钠盐	5	仅作有机砷来源	砷：肌肉、蛋0.5；肚器2
金霉素	2	混饲浓度为556毫克/千克时，不能用于产蛋鸡	肾4；肌肉、肝、脂肪和皮肤1；蛋0
氯羟吡啶	0～5	禁用于16周龄以上鸡群；以250毫克/千克浓度饲喂时，需于屠宰前5天停药或降低药量至125毫克/千克	肝和肾15；肌肉5
红霉素	1～2	饲料中药物浓度超过206毫克/千克时禁用于产蛋鸡	蛋0.025；食用组织0.125

续表

药名	休药期（天）	应用限制	允许残留量（毫克/千克）
莫能菌素钠	3~5	禁用于产蛋鸡	肌肉 1.5；皮、脂肪 3；肝 4.5
尼卡巴嗪	4	禁用于产蛋鸡	食用组织 4
呋喃西林	5	禁用于 14 周龄以上的后备鸡群	未公布
新生霉素	4	禁用于产蛋鸡	食用组织 1
盐酸氯苯胍	6	禁用于产蛋鸡	皮和脂肪 0.2；其他食用组织 0.1
磺胺间二甲氧嘧啶加二甲氧甲基苄氨嘧啶	5	禁用于 16 周龄以上的鸡群	均为 0.1
磺胺喹噁啉	10	禁用于蛋供食用的产蛋鸡	未公布
氯硝苯酰胺加羟间硝苯胂酸	5	仅作有机砷来源，禁用于产蛋鸡	氯硝苯酰胺：肝和肌肉 4.5；皮和脂肪 3 砷：肌肉、蛋 0.5；脏器 2
氨丙啉	0	仅用于防治几种艾美耳球虫	肝和肾 1；肌肉 0.5；全蛋 4；蛋黄 8
杆菌肽	0		肉和蛋 0.05
丁喹酸酯	0	仅作有机砷来源	肝、肾和皮 0.4；肌肉 0.1；蛋 0.2；蛋黄 0.5
碳霉素	1	禁用于产蛋鸡	0
癸喹酸酯	5	禁用于产蛋鸡	肌肉 1；脏器 2
雌二醇单棕榈酸酯	42	用于 5 周龄以上的鸡，皮下注入，颅骨基部	0

续表

药名	休药期（天）	应用限制	允许残留量（毫克/千克）
硫酸庆大霉素注射剂	35	仅用于1日龄仔鸡	未公布
潮霉素B	3	混饲浓度为8~12毫克/千克	0
拉沙里菌素	5		食用组织、肉1.2；皮、脂肪2.4；肝7.2
林可霉素	5		食用组织0.1
对硝苯胂酸	5	仅作有机砷来源	未公布
羟间硝苯胂酸	5	仅作有机砷来源	肌肉和蛋0.5；脏器2
二硝苯酰胺及乙酰对硝苯磺酸	5	禁用于产蛋鸡	二硝苯酰胺：未公布；乙酰对硝苯磺酸：0
四环素	5		0.25
制霉菌素	0	混饲浓度为56~111毫克/千克	0
竹桃霉素		禁用于产蛋鸡	食用组织0.15
二甲氧甲基苄氨嘧啶	5	禁用于16周龄以上鸡群	食用组织0.1
土霉素	0	混饲浓度为56~222毫克/千克	肾3；肌肉、肝、脂肪和皮1
青霉素	0	混饲浓度为2.7~139毫克/千克	食用组织和蛋0
青霉素粉剂	1	禁用于产蛋鸡	0
大观霉素	5		食用组织0.1
硫酸链霉素	4	用药不超过4天，禁用于产蛋鸡	食用组织和蛋0
磺胺氯吡嗪钠一水合物	4	禁用于蛋供食用的产蛋鸡	0

续表

药名	休药期（天）	应用限制	允许残留量（毫克/千克）
乙酰对硝苯磺胺	5	禁用于产蛋鸡	0
甲磺酸多黏菌素B	5	禁用于产蛋鸡	0
磷酸泰乐菌素	5	于0~5日龄饲喂；第二次于3~5周龄饲喂24~48小时	食用组织和蛋0.2
二硝苯酰胺			食用组织0
磺胺二甲嘧啶			食用组织0.1
维吉尼亚霉素			肉0.1；皮、脂肪0.2；肝0.3；肾0.5；食用组织2
二硝托胺（球痢灵）	0	产蛋鸡禁用	食用组织2

第三节 寄生虫病的综合防控措施

寄生虫病的控制必须以流行病学的研究为基础，实施综合性防治措施，才能收到较好成效。综合性措施的制定需以寄生虫的发育史、流行病学与生态学特征为基础。

一、寄生虫学基础知识

（一）寄生虫与寄生虫类型

1. 寄生虫 指暂时或永久地在宿主体内或体表，并从宿主身上取得它们所需要的营养物质的动物。

2. 寄生虫类型

（1）内寄生虫与外寄生虫。寄生在宿主体表内的寄生虫称为内寄生虫，如线虫；寄生在宿主体表的寄生虫称为外寄生虫，如螨。

(2) 单宿主寄生虫和多宿主寄生虫。发育过程中仅需要一个宿主的寄生虫叫单寄生虫（土源性寄生虫)，如蛔虫、钩虫。发育过程中需要多个宿主的寄生虫称为多宿主寄生虫（生物源性寄生虫)，如吸虫。

(3) 长久性寄生虫与暂时性寄生虫。长久性寄生虫是指寄生虫的某一个生活阶段不能离开宿主体，否则难以存活的寄生虫，如蛔虫、绦虫。暂时性寄生虫（间歇性寄生虫）指只在采食时才与宿主接触的寄生虫类，如蚊子。

(4) 专一宿主寄生虫与非专一宿主寄生虫。只寄生于一种特定的宿主，对宿主有严格的选择性，称为专一宿主寄生虫，如鸡球虫。能够寄生于多种宿主的寄生虫称为非专一宿主寄生虫，如肝片形吸虫可以寄生于牛、羊等多种动物和人。

(二) 宿主与宿主类型

1. 宿主 凡是体内或体表有寄生虫暂时或长期寄生的动物都称为宿主。

2. 宿主类型

(1) 终末宿主。指寄生虫成虫（性成熟阶段）或有性生殖阶段虫体所寄生的动物。如猪带绦虫（成虫）寄生于人的小肠，人是猪带绦虫的终末宿主。

(2) 中间宿主。指寄生虫细虫期或无性生殖阶段所寄生的动物体。如猪带绦虫的中绦期猪囊尾蚴寄生于猪体内，所以猪是猪带绦虫的中间宿主。

(3) 补充宿主（第二中间宿主)。指某些寄生虫在发育过程中需要两个中间宿主，后一个中间宿主（第二个中间宿主）有时就称为补充宿主。

(4) 贮藏宿主（转运宿主)。即宿主体有寄生虫虫卵或幼虫存在，虽不发育繁殖，但保持着对易感动物的感染力。如蚯蚓是鸡异刺线虫的贮藏宿主。

（5）带虫宿主（带虫者）。宿主被寄生虫感染后，随着机体抵抗力的增强或药物治疗，处于隐性感染状态，体内仍存有一定数量的虫体，这种宿主即为带虫宿主。

（6）保虫宿主。某些惯常寄生于某种宿主的寄生虫，有时也可寄生于其他宿主，但寄生不普遍多量，无明显危害，通常把这种不惯常被寄生的宿主称为保虫宿主。

（7）传播媒介。通常是指在脊椎动物宿主间传播寄生虫病的一类动物，多指吸血的节肢动物，如蚊子。

（三）感染来源

感染来源通常是指寄生于某种寄生虫的终末宿主、中间宿主、补充宿主、保虫宿主、带虫宿主及贮藏宿主等。

（四）感染途径

感染途径是指病原从感染来源感染给易感动物所需要的方式。主要有以下几种：

1. 经口感染　即寄生虫通过易感动物的采食、饮水，经口腔进入宿主体的方式。多数寄生虫都属于这种感染方式。

2. 经皮肤感染　寄生虫通过易感动物的皮肤，进入宿主体的方式，如钩虫、血吸虫。

3. 接触感染　寄生虫通过宿主之间互相直接接触或用具、人员等的间接接触，在易感动物之间传播流行，如螨、虱。

4. 经节肢动物感染　寄生虫通过节肢动物的叮咬、吸血，传给易感动物的方式。

二、寄生虫病的控制措施

寄生虫病的防治包括对病鸡的治疗、对健康蛋鸡感染的预防和对病原体的扑灭三个方面的措施。

（一）蛋鸡的驱虫

根据目的不同，可分为治疗性驱虫和预防性驱虫两种。治疗性驱虫主要是作为恢复蛋鸡健康的紧急措施，发生寄生虫病即需进行，因此，可在一年中的任何季节进行。预防必驱虫是依据地区性寄生虫病的流行规律，按预先制订的驱虫计划进行，多在每年中一定时间内进行 1~2 次驱虫工作，目的在于避免某种寄生虫病的发生。注意驱虫应在有隔离条件的场所进行。驱虫后应有一定的间隔时间，一般为 2~3 天。驱虫后的粪便应堆集发酵，利用生物热杀死虫卵和幼虫。

（二）搞好环境卫生

搞好环境卫生是减少感染或预防感染的措施。对大多数蠕虫和寄生于消化道的原虫来说，粪便是它们的虫卵或幼虫排出的途径，即是宿产感染的来源。所以，粪便堆集发酵进行无害化处理是搞好环境卫生的关键措施。

第六章　生态养殖蛋鸡常见病防治

第一节　常见病毒性疾病

一、高致病性禽流感

高致病性禽流感（AI）是由正黏病毒科流感病毒属 A 型流感病毒引起的禽类为主的烈性传染病。世界动物卫生组织（OIE）将其列为必须报告的传染病，我国将其列为一类动物疫病。主要传染源为病禽（野鸟）和带毒禽（野鸟）。主要通过接触感染禽及其分泌物和排泄物传播。污染的饲料、水、蛋托、垫草、种蛋、精液等媒介，经呼吸道、消化道感染，也可通过气源性媒介传播。该病的流行特点是发病急骤、传播迅速、感染谱广、流行范围大，并可引起鸡和火鸡的大批死亡。

（一）临床症状

急性发病死亡或不明原因死亡，潜伏期从几小时到数天。常表现为突然发病；体温升高、闭目昏睡；头面部水肿，鸡冠、肉髯极度肿胀并伴有眶周水肿；无毛处皮肤和鸡冠、肉髯等出血、发绀；呼吸高度困难，口流黏液、头颈部上下点动或扭曲颤抖；拉黄白、黄绿或绿色稀粪；脚部鳞片瘀血、出血、紫黑色，脚趾肿胀，伴有瘀斑性变色。产蛋鸡产蛋量大幅度下降或停止；急性者发病后数小时死亡，多数病例病程为 2～3 天，致死率可达

100%。

（二）病理变化

皮下、浆膜下、黏膜、肌肉及各内脏器官广泛性出血：喉头、气管有不同程度的出血，管腔内有大量黏液或干酪样分泌物。腺胃黏膜可呈点状或片状出血，腺胃与食道交界处、腺胃与肌胃交界处有出血带或溃疡。整个肠道特别是小肠，从浆膜层即可看到肠壁有大量黄豆至蚕豆大出血斑或坏死灶（即枣核样坏死）。盲肠扁桃体肿胀、出血、坏死。卵巢充血、出血。卵泡充血、出血、萎缩、破裂。输卵管内有多量黏液或干酪样物；胰脏出血或有黄色坏死灶。有些病例头颈部皮下水肿。腿部可见充血、出血。

（三）防治技术

1. 采取严格的综合性防治措施　由于本病流行速度快、波及范围广、危害程度重、防治难度大，因此应采取严格的综合性防治措施。平时应加强饲养管理，搞好卫生和定期消毒，坚持自繁自养的原则，杜绝野鸟进入鸡舍。

2. 免疫　我国对高致病性禽流感实行强制免疫制度。必须按农业部制订的免疫程序进行免疫接种。所用疫苗必须采用农业部批准使用的产品，并由动物防疫监督机构统一组织、逐级供应，并由当地动物防疫监督机构负责监督指导。免疫密度必须达到100%，抗体合格率达70%以上。定期对免疫禽群进行免疫水平监测，根据群体抗体水平及时加强免疫。突发疫情时的紧急免疫要按有关条款进行。

3. 发生高致病性禽流感时的处置　一旦发生高致病性禽流感，应立即封锁疫区，对所有感染鸡只和可疑鸡只（包括相关产品）一律进行扑杀、焚烧，封锁区内严格消毒。高致病性禽流感的扑灭，应按农业部颁发的处置方案进行。

二、新城疫

新城疫（ND）是由新城疫病毒引起的急性高度接触性传染病，也称亚洲鸡瘟或鸡瘟，被国际兽医局列为A类传染病。常呈败血症经过。主要特征是呼吸困难、下痢、神经系统功能紊乱及浆膜和黏膜显著出血。世界动物卫生组织（OIE）将本病列为必须报告的疫病。病鸡和带毒鸡是主要的传染源。主要通过消化道和呼吸道传播，也可经眼结膜、受伤的皮肤和泄殖腔黏膜感染。一年四季均可发生，但以春秋季发病较多。

（一）临床症状

自然感染潜伏期一般为3~5天。根据临诊发病特点将本病分为最急性、急性、亚急性或慢性三型。

1. 最急性型　突然发病，无特征临诊症状而迅速死亡。多在流行初期，雏鸡多见。

2. 急性型　病初体温升高，一般可达43~44℃。精神沉郁，食欲减退或废绝，眼半闭或全闭呈昏睡状。鸡冠及肉髯逐呈暗红色或暗紫色。病鸡呼吸困难，咳嗽，常表现为伸头，张口呼吸，并发出“咯咯”的喘鸣声或尖叫声，口中黏液增多，呈灰白色，鸡甩头时常见黏液流出。嗉囊空虚，内含液体有波动感，倒提时常有大量酸臭液体从口内流出。常见下痢，有的排黄绿色或黄白色痢便，有时混有少量血液。产蛋母鸡发生本病时，除上述症状外，产蛋量急剧下降，有时可降到40%~60%，软壳蛋和褪色蛋的数量明显增多。产蛋量回升时只能接近或低于原有产蛋水平。部分病鸡出现明显的神经症状，如翅、腿麻痹等。

3. 亚急性或慢性型　患鸡头颈向后或向一侧扭转，翅膀麻痹，跛行或站立不稳，动作失调，常伏地旋转，反复发作，瘫痪或半瘫痪，一般经10~20天死亡。个别患鸡可以康复。有的鸡状似健康，但若受到惊扰或抢食时，突然后仰倒地，全身抽搐，伏地旋转，数分钟后又恢复正常。

（二）病理变化

本病的主要病变是全身黏膜和浆膜出血，淋巴组织肿胀、出血和坏死，尤其以消化道和呼吸道最为明显。

典型新城疫病鸡死后，病理变化明显，具有较高的诊断意义。剖检可见：口腔中多积有灰白色黏液；嗉囊空虚但囊内有较多黏液或黄色酸臭液体；腺胃黏膜水肿，其乳头或乳头间有出血点，或有溃疡和坏死（特征性病理变化）；腺胃和肌胃交界处有出血条带或斑点，肌胃角质层下也常见有出血点。盲肠扁桃体肿大、出血、坏死，坏死灶呈岛屿状隆起于黏膜表面，直肠和泄殖腔黏膜出血明显。肠外观可见紫红色枣核样肿大的肠淋巴滤泡，小肠黏膜出血，有局灶性纤维素性坏死性病变，有的形成伪膜，伪膜脱落后即成溃疡。产蛋母鸡卵泡和输卵管显著充血。腹膜充血或出血。心外膜和心冠脂肪有针尖大的出血点。

非典型新城疫病变轻微，仅见黏膜卡他性炎症，喉头和气管黏膜充血，腺胃乳头出血少见，但多剖检数只，可见部分病鸡腺胃乳头有少量出血点，直肠黏膜和盲肠扁桃体多见出血。

（三）防治技术

搞好鸡群的免疫预防是控制本病的关键。

1. 加强鸡群的饲养管理工作，增强机体抵抗力，减少疫病传播机会　采取严格的生物安全措施，高度警惕病原侵入鸡群，防止一切带毒动物（特别是鸟类）和污染物品进入鸡群，进入鸡场的人员和车辆必须消毒；不从疫区购进种蛋和鸡苗；新购进的鸡必须接种新城疫疫苗，并隔离观察 2 周以上，证明健康方可混群。

2. 按照科学的免疫程序，定期预防接种　做好预防接种工作，首先了解本地区该病流行情况及发生特点，根据本场饲养数量、饲养方式来选择适合的疫苗及适宜的免疫方法，制定本地区科学合理的免疫程序并认真执行。雏鸡的母源抗体或其他年龄鸡群的残留抗体水平较高、接种疫苗剂量不足、免疫方法不当、免疫后时间较长，鸡群有免疫抑制性疫病存在等是引起免疫失败的主要原因，要采取针对性措施，提高抗体水平。

3. 正确选择疫苗　新城疫疫苗分为两大类，一类是活疫苗，如Ⅰ系苗、Ⅱ系苗（B1 株）、Ⅲ系苗（F 株）、Ⅳ系苗。活疫苗接种后疫苗在体内繁殖，刺激机体产生体液免疫、细胞免疫和局部黏膜免疫。另一类是灭活疫苗，如油佐剂灭活苗。灭活疫苗接种后无病毒增殖，靠注射入体内的抗原刺激产生体液免疫，对细胞免疫和局部黏膜免疫无大作用。Ⅰ系苗是中等毒力的活疫苗，多采用注射方法，用于60 日龄以后鸡和鸡群发病时的紧急接种。Ⅱ、Ⅲ和Ⅳ系苗属弱毒活疫苗，各种日龄鸡均可使用，多采用滴鼻、点眼、饮水及气雾等方法接种，但气雾免疫最好在 2 月龄以后采用，以防止诱发慢性呼吸道疾病。灭活疫苗的质量取决于所含有的抗原量和佐剂，灭活疫苗对鸡安全，可产生强大而持久的免疫力，但是注射后需 10～20 天才产生免疫力。灭活苗和活苗同时使用，活苗能促进灭活苗的免疫反应。

4. 制订合理的免疫程序　主要根据雏鸡母源抗体水平确定最佳首免日龄，以及根据疫苗接种后抗体滴度和鸡群生产特点，确定加强免疫的时间。

5. 建立免疫监测制度　在有条件的鸡场，定期检测鸡群血清血凝抑制试验（HI）抗体水平，全面了解鸡群的免疫状态，确保免疫程序的合理性及疫苗接种的效果。

6. 鸡群发病后的处理　鸡群一旦发生本病，可疑病鸡及其污染的羽垫草、粪便应焚烧或深埋，对污染的环境进行彻底消毒，并对鸡群进行紧急接种。用高免血清或高免蛋黄液注射治疗，同时内服抗病毒的中草药或干扰素等生物制品。

三、马立克病

马立克病是由疱疹病毒引起的最常见的一种鸡淋巴组织增生性传染病，以外周神经、性腺、虹膜、各种内脏器官、肌肉和皮肤单核细胞性浸润和形成肿瘤为特征。该病传染力极强，常引起急性死亡、消瘦或肢体麻痹。1 日龄雏鸡最易感。病鸡和隐性感染鸡是主要传染源，主要经呼吸道感染。

（一）症状及病理变化

根据临床症状和病理剖检变化，马立克病分为神经型、内脏型、眼型及皮肤型。

1. 神经型 由于病毒侵害的神经部位不同，造成该神经所支配部位的不全麻痹或完全麻痹而表现出各种不同的临床症状。病鸡坐骨神经受到侵害时表现为步态不稳，甚至完全麻痹，不能行走，蹲在地上；或一腿伸向前方，另一腿伸向后方，呈“大劈叉”的特征性姿势。翅神经受到侵害时，病侧翅下垂。控制颈肌的神经受到侵害可导致头下垂或头颈歪斜。迷走神经受到侵害可引起嗉囊扩张或喘息。

剖检可见：坐骨神经丛、腹腔神经丛、前肠系膜神经丛、臂神经丛和内脏大神经等受害神经横纹消失，变为灰白色或黄白色，有时呈水肿样外观，局部弥漫性增粗可达正常的 2~3 倍或以上。病变常为单侧性，将两侧神经对比有助于诊断。

2. 内脏型 多呈急性暴发，又称急性马立克病。起初无明显症状，病鸡颜面苍白，鸡冠发育不良，呈进行性消瘦，有的极度消瘦，一般营养状况为中等，可见拉稀。冠髯萎缩、颜色变淡、无光泽，羽毛脏乱，后期精神委顿，最后衰竭死亡。

主要病理变化是在多种内脏器官出现肿瘤，最常被侵害的内脏器官是卵巢，其次为肾、脾、肝、心、肺、胰、肠系膜、腺胃和肠道。肿瘤多呈结节性，为圆形或近似圆形，数量不一，大小不等，略突出于脏器表面，切面呈脂肪样。灰白色，质地坚硬而致密，有时肿瘤呈弥漫性，使整个器官变得很大。内脏的眼观变化很难与禽白血病等其他肿瘤相区别。

3. 眼型　病鸡单眼或双眼视力减退或失明。眼型马立克病在病鸡群中很少见到。

病理变化为瞳孔边缘不整齐，呈锯齿状，且逐渐缩小，严重时瞳孔只剩下一个针尖大小的孔，不能随外界光线强弱而调节大小，病眼视力丧失。虹膜褪色，呈同心环状或斑点状以至弥漫的灰白色，俗称“鱼眼”。

4. 皮肤型　比较少见，屠宰鸡只煺毛后才能见到。肿瘤大多发生于翅膀、颈部、背部、尾部上方及大腿皮肤。病理变化表现为毛囊肿大，并以羽毛囊为中心，在皮肤上形成淡白色小结节或瘤状物。

（二）防治技术

本病一旦发生没有任何措施可以制止它的流行和蔓延，更没有特效的治疗药物。因此，防治本病的关键是做好切实的免疫。

（1）疫苗接种是防制本病的关键，疫苗的接种必须在 1 日龄进行。

最常用的疫苗是火鸡疱疹病毒苗。使用时应注意疫苗和专用稀释液的质量要合格，稀释后应在 1 小时内用完。用于制造疫苗的病毒有 3 种：人工致弱的Ⅰ型 MDV（如 CVI988）、自然不致瘤的Ⅱ型 MDV（如 SBI，Z4）和Ⅲ型 MDV（HVT）（如 FC-126）。多价疫苗主要由Ⅱ型和Ⅲ型或Ⅰ型和Ⅲ型病毒组成。多价疫苗的保护效果均高于 HVT 苗，防治效果好，但需在液氮中保存，使用不方便。Ⅱ型和Ⅲ型病毒之间有显著的免疫协同作用，免疫效率比单价苗显著高，免疫效果受母源抗体的影响很小。

（2）选育生产性能好的抗病品系鸡，是未来防控此病的一个重要方面。

（3）为提高马立克病的免疫效果，还需加强其他疫病的防治工作，减少对该病免疫的干扰。如鸡传染性法氏囊病、鸡传染性贫血、鸡白痢沙门杆菌病等，特别是在马立克病疫苗免疫保护作用尚未建立前，上述疫病的感染、发生同样可导致本病的免疫失败。

（4）加强饲养管理，减少应激因素对鸡群的影响，不断提高兽医卫生综合防治水平。

四、传染性支气管炎

鸡传染性支气管炎是由传染性支气管炎病毒引起的一种急性、高度接触性传染性呼吸道疾病。呼吸道型和肾型临床多见，腺胃型较少。其特征是病鸡咳嗽、喷嚏和气管发出啰音。雏鸡可出现流涕，产蛋鸡产蛋减少和产劣质蛋。肾型传染性支气管炎表现为肾炎综合征和尿酸盐沉积。病鸡是主要传染源，通过呼吸道传染。呼吸型雏鸡多发，发病率高，死亡率可达25%，6周龄以上的鸡病死率很低。

（一）临床症状

1. 呼吸道型　病鸡突然出现呼吸临诊症状，并迅速波及全群为本病特征。病程一般为1~2周，有的拖延至3周。康复后的鸡具有免疫力，血清中的相应抗体至少有1年可被测出，但其高峰期是在感染后3周前后。

雏鸡发生多在5周龄以内，精神不振，食欲减少，羽毛松乱，昏睡，翅下垂。病鸡呼吸困难，常表现伸颈、张口呼吸，喷嚏、咳嗽、啰音，常挤在一起保暖。个别鸡鼻窦肿胀，流黏性鼻汁，眼泪多，逐渐消瘦。康复鸡发育不良。5~6周龄以上鸡，可见啰音、气喘和微咳，同时伴有减食、沉郁或下痢等临诊症状。成年鸡出现轻微的呼吸道症状，主要表现为产蛋量下降，并产软壳蛋、畸形蛋、“鸽子蛋”或粗壳蛋。蛋的质量下降，蛋白稀薄呈水样，蛋黄和蛋白分离及蛋白黏着于壳膜表面等。

2. 肾型 目前发生多，流行范围较广。多发生于20~30日龄的鸡。雏鸡病死率为10%~30%，6周龄以上鸡病死率为0.5%~1%。鸡群发病以死亡突然增多为特点，有明显的死亡曲线。病鸡呼吸道临诊症状轻微或不出现，或呼吸临诊症状消失后，病鸡极度沉郁，持续排白色或水样下痢，迅速消瘦，饮水量增加。

3. 腺胃型 主要是由接种生物制品引起，水平传播不强，发病率为30%~50%，病死率为30%左右，病鸡临诊表现主要为发育停滞、腹泻、消瘦。

（二）病理变化

1. 呼吸道型病变 呼吸道呈卡他性炎症，有浆液性分泌物。气管、支气管、鼻腔和窦内有浆液性、卡他性和干酪样渗出物。在死亡鸡的气管后段或支气管中可能有一种干酪性的栓子。在大的支气管周围可见到小灶性肺炎。气囊混浊或含有黄色干酪样渗出物。产蛋母鸡可见卵黄性腹膜炎，卵泡充血、出血、变形，输卵管呈节段不连续，或不发育如幼鸡般细小。

2. 肾型病理变化 部分鸡呼吸道仅有少量分泌物，多无明显可见变化。肾肿大出血，多数表面红白相间呈斑驳状的“花斑肾”，切开后有多量石灰渣样物流出。肾小管和输尿管因尿酸盐沉积而扩张。严重病例，白色尿酸盐沉积可见于其他组织器官表面。

3. 腺胃型病变 腺胃显著肿大、胃壁增厚、胃黏膜水肿、充血、出血、坏死，肠道内黏液分泌增多，法氏囊、脾脏等免疫器官萎缩。

（三）防治技术

1. 采用以疫苗免疫为主的手段预防控制本病 常用弱毒苗如H_{120}、H_{52}及其灭活油剂苗。H_{120}毒力较弱，对雏鸡安全；H_{52}毒力较强，适用于20日龄以上的鸡；各种日龄均可使用油苗。

对肾型传染性支气管炎，弱毒苗有 Ma-5，1 日龄及 15 日龄各免疫 1 次。

2. 加强饲养管理，改善环境条件 鸡舍要注意通风换气，防止过度拥挤，注意保温，加强饲养管理，补充维生素和矿物质饲料，增强鸡体抗病力；严格执行隔离、检疫等卫生防疫措施。

3. 防治 目前还没有有效的治疗药物。对于呼吸道型传染性支气管炎除对症治疗外，应添加抗生素，预防继发细菌感染，减少死亡；对于肾型传染性支气管炎，配合使用肾肿解毒药。

五、传染性喉气管炎

鸡传染性喉气管炎是由疱疹病毒引起的鸡的一种急性高度接触性呼吸道传染病，传播快，死亡率较高，一般达 10%~20%。自然感染的潜伏期为 6~12 天，病程 15 天左右。其特征为呼吸困难，咳嗽，咳出含有血液的渗出物，喉部和气管黏膜肿胀、出血并形成糜烂。病鸡和康复后带毒鸡是主要传染源，主要通过呼吸道传播。病毒感染后 12 小时，在气管、喉头黏膜上皮细胞核内可见嗜酸性包涵体。临诊症状出现 48 小时包涵体最多。病毒接种鸡胚组织细胞 12 小时也可见到核内包涵体。

（一）症状及病理变化

病鸡突然发病和迅速传播是本病发生的特点。临诊上可分为喉气管炎型和结膜炎型。

1. 喉气管炎型 特征症状是病鸡呼吸困难，其程度比鸡的任何呼吸道传染病明显且严重。鼻孔有分泌物，病鸡伸颈张口吸气，低头缩颈呼气。呼吸时发出湿性啰音，继而咳嗽和气喘。咳出带血的黏液，有时死于窒息。检查口腔时，可见喉部黏膜上有灰黄色或带血的黏液，或见干酪样渗出物附着。病鸡迅速消瘦，鸡冠发绀，有时排绿色稀粪，衰竭死亡；病程 5~7 天或更长。部分鸡逐渐恢复并成为带毒者。

2. 结膜炎型　往往由低致病性病毒株引起，病情较轻，呈地方流行性。发病率仅为2%～5%，病程长短不一，病鸡多死于窒息，呈间歇性发生死亡。其临诊症状为生长迟缓，产蛋减少，流泪，发生结膜炎，严重病例可见眶下窦肿胀。

典型的病变在喉头和气管的前半部。喉头、气管黏膜肿胀，充血和出血甚至坏死。初期可见喉头、气管有带血的黏性分泌物或条状血凝块。中后期死亡鸡只喉头、气管黏膜呈干酪样伪膜，可将气管完全堵塞，使鸡窒息而死。炎症也可扩散到支气管、肺、气囊、眶下窦。结膜炎型病例，仅见结膜和眶下窦内上皮的水肿及充血。

（二）防治技术

（1）一般情况下从未发生本病的鸡场，不接种疫苗；鸡场发病后可考虑将本病的疫苗接种纳入免疫程序。目前，有几种疫苗可用于免疫接种：①弱毒疫苗，经点眼、滴鼻免疫，但一般毒力较强，可引起不同的反应，甚至成批死亡，应严格按说明书选择接种途径和接种剂量。②强毒苗，可涂擦于泄殖腔黏膜，4～5天后黏膜出现水肿和出血性炎症，表示接种有效。但排毒的危险性很大，一般只用于发病鸡场。③灭活疫苗的免疫效果一般不理想。

（2）坚持严格隔离、消毒等措施是防止本病流行的有效方法，封锁疫点，禁止可能污染的人员、饲料、设备和鸡只的移动是成功控制本病的关键。野毒感染和疫苗接种都可造成传染性喉气管炎病毒潜伏感染的带毒鸡，因此避免将康复鸡或接种疫苗的鸡与易感鸡混群饲养尤其重要。

（3）本病无特效治疗药物。发生本病后，可用消毒剂每日进行1～2次消毒，以杀死鸡舍中的病毒，同时辅以阿米卡星、红霉素、支原净等药物治疗，缓解呼吸困难等临诊症状，并预防和控制继发感染，促进康复。

六、传染性法氏囊病

传染性法氏囊病是由传染性法氏囊病病毒引起的主要危害雏鸡的一种急性高度接触性传染病。发病率高，病程短，幼鸡感染后可导致免疫抑制，并可诱发多种疫病或使多种疫苗免疫失败。主要发生于2~15周龄的鸡，3~6周龄鸡最易感。病鸡和带毒鸡是主要的传染源，其粪便中含有大量的病毒。感染途径包括消化道、呼吸道和眼结膜等。法氏囊、肾脏的病理变化、腿肌和胸肌出血、腺胃和肌胃交界处条状出血是特征性的病理变化。

（一）症状

本病潜伏期为2~3天。常突然发生，并迅速蔓延。发病后1~2天病鸡死亡明显增多且直线上升，4~5天达死亡高峰期，其后迅速下降。病鸡羽毛蓬松，精神不振，食欲下降或不食，畏寒，挤堆。病鸡明显的症状是下痢，排出白色黏稠或水样稀粪。重病鸡头垂地，闭眼呈昏睡状态。后期体温低于正常，严重脱水，极度虚弱，最后死亡。

（二）病理变化

病死鸡脱水明显，两条腿干枯，皮下干燥。腿部和胸部肌肉有不同程度的出血。腺胃和肌胃交界处多见有出血带或出血斑点。肾肿大苍白，呈花斑状，肾小管和输尿管有白色尿酸盐沉积。最主要的变化是法氏囊充血、水肿、变大，浆膜覆盖有淡黄色胶冻样渗出物，由正常的白色变为奶油黄色，严重出血时，呈紫黑色，似紫葡萄状。切开囊腔后，黏膜皱褶多混浊不清，黏膜表面有出血点或出血斑，腔内有脓性分泌物；5天后法氏囊开始萎缩，8天后仅为原来的1/3左右，此时法氏囊呈纺锤状；有些慢性病例，外观法氏囊的体积增大，囊壁变薄，囊内积存干酪样物。

（三）防治技术

1. 坚决贯彻执行严格的兽医卫生措施 首先要注意对环境的消毒，特别是育雏室。对环境、鸡舍用具、笼具进行消毒，经4~6小时后，进行彻底清扫和冲洗，然后再经2~3次消毒。消毒液以碘制剂、福尔马林和强碱效果较好。

2. 做好种鸡场的主动免疫工作，提高种鸡的母源抗体水平 种鸡群经疫苗免疫后，可产生高的抗体水平，并可将其传递给子代。如果种鸡在18~20周龄和40~42周龄经2次接种传染性法氏囊油佐剂灭活苗后，雏鸡可获得较整齐和较高的母源抗体，在2~3周龄内得到较好的保护，能防止雏鸡早期感染和免疫抑制。

3. 确定雏鸡的最佳首免日龄 应根据1日龄雏鸡琼脂扩散（AGP）母源抗体阳性率制定。按雏鸡总数的0.5%抽检，当AGP阳性率≤20%时应立即进行免疫，为20%~40%时应在5~7天进行免疫，为40%时在10日龄和28日龄各免疫1次，60%~80%时17日龄首免，AGP阳性率≥80%时应在7~10日龄再次监测。此时AGP阳性率小于50%应于14日龄首免，大于50%在24日龄首免。如无监测条件，若种母鸡未接种过法氏囊灭活苗，估计母源抗体较低时，可于1日龄首免，18日龄2免；若种母鸡接种过法氏囊灭活苗，估计母源抗体较高时，可在18~20日龄首免，30~35日龄2免。也可首免后每隔1周加强免疫1次，共2~3次。种母鸡开产前应用油佐剂灭活苗加强免疫，使子代获得水平高的均一的抗体，能有效防止雏鸡早期感染，也有利于鸡群免疫程序的制订和实施。

4. 对症治疗 碘制剂消毒液对病鸡舍环境喷雾消毒，每天1次，共7天，然后每周2次。发病鸡用高免蛋黄注射液，每只鸡1~2毫升，肌内注射1次；血清为每只鸡0.5毫升，肌内注射1次。肾肿解毒药按说明自由饮水7天。

七、产蛋下降综合征

产蛋下降综合征（EDS_{76}）是由禽腺病毒Ⅲ群引起的一种以产蛋下降为特征的传染病，24~36 周龄的鸡最易发生。以垂直感染为主，水平感染较缓慢且不连续。其主要表现为鸡群产蛋急剧下降，软壳蛋、畸形蛋增加，褐色蛋壳颜色变浅。

（一）症状

感染鸡无明显临诊症状，主要表现为突然性群体性产蛋下降，产蛋率可下降 20%~38%，甚至达 40%~50%。病初蛋壳的色泽变淡，紧接着产各种形状的畸形蛋，蛋壳粗糙像沙粒一样，蛋壳变薄易破损，软壳蛋增多，占 15%以上。受精率和孵化率不受影响，病程一般可持续 4~10 周。

（二）病理变化

本病无明显病理变化，仅见病鸡卵巢变小、萎缩，子宫和输卵管黏膜发生出血和卡他性炎症。输卵管腺体水肿，单核细胞浸润，黏膜上皮细胞变性坏死，病理变化细胞中可见到核内包涵体。

（三）防治技术

1. 做好隔离消毒工作，杜绝病毒传入　本病主要是经蛋垂直传播，所以应从非疫区鸡群引种，引种种鸡要严格隔离饲养，产蛋后经 HI 监测，确认 HI 抗体阴性者，才能留作种鸡用。

2. 加强营养、执行兽医卫生措施　加强鸡场和孵化室消毒工作，在日粮配合中，必须注意氨基酸、维生素的平衡。

3. 免疫接种　油佐剂灭活苗对鸡免疫接种有良好的保护作用。鸡在 110~130 日龄进行免疫接种，免疫后 HI 抗体效价可达 $8\log_2$~$9\log_2$，免疫后 7~10 天可测到抗体，免疫期为 10~12 个月。

4. 本病无特异性治疗方法　对于病鸡群可遵循“干扰病毒、控制继发感染、调理生殖系统”的原则，适当投服抗病毒、调理输卵管的中成药、敏感抗菌药物以防止生殖系统的细菌感染。

八、禽白血病

禽白血病（AL）是一类与禽白血病病毒（ALV）相关的反转录病毒引起鸡的不同组织良性和恶性肿瘤病的总称，其中以淋巴细胞白血病最多发，骨髓细胞瘤病、血管瘤等，近年在我国多有发生。禽白血病病毒主要引起感染鸡在性成熟前后发生肿瘤死亡，感染率和发病死亡率高低不等，死亡率最高可达20%。一些鸡感染后虽不发生肿瘤，但可造成产蛋性能下降甚至免疫抑制。外源性传播方式有两种：通过母鸡到子代的垂直传播和通过直接接触从鸡到鸡的水平传播。

（一）临床症状及病理变化

淋巴细胞性白血病是最为常见的经典型白血病肿瘤。淋巴白血病（LL）无特异临诊症状，可见鸡冠苍白、皱缩，间或发绀。食欲不振、日渐消瘦和衰弱。腹部增大，走如企鹅，可触摸到肿大的肝、法氏囊和（或）肾。一旦出现临诊症状，通常病程发展很快。淋巴白血病肿瘤可见于肝、脾、法氏囊、肾、肺、性腺、心、骨髓等器官组织，肿瘤可表现为较大的结节状（瘤块状或米粒状，或弥漫性分布）。肿瘤结节的大小和数量差异很大，表面平滑，切开后呈灰白色至奶酪色，但很少有坏死区，在成红细胞性白血病、成骨髓性细胞白血病、骨髓细胞白血病，多使肝、脾、肾呈弥漫性增大。J亚型ALV感染主要诱发骨髓细胞样肿瘤，它最常见的特征性变化主要为肝、脾肿大或布满无数的针尖、针头大小的白色增生性肿瘤结节。常在开产后18~22周鸡群死亡率开始不断上升。在一些病例还可能在胸骨和肋骨表面出现肿瘤结节。

ALV-J感染的蛋鸡主要是体表出现血管瘤，血管一旦破裂，流血不止，病鸡因失血过多死亡。发病日龄一般在16~40周。

隐性感染严重影响蛋鸡和种鸡的产蛋性能。剖检可见蛋鸡肝、法氏囊和脾几乎都有肿瘤，肾、肺、性腺、心、骨髓和肠系膜也可受害。肿瘤大小不一，可为结节性、粟粒性或弥漫性。肿瘤组织的显微变化呈灶性和多中心性，即使弥漫性肿瘤也是如此。

（二）防制技术

(1) 减少种鸡群的感染，建立无白血病的种鸡群是防制本病最有效的措施。从种鸡群中消灭LLV的步骤包括：从蛋清和阴道拭子试验呈阴性的母鸡中选择受精蛋进行孵化；在隔离条件下小批量出雏，避免性别鉴定，接种疫苗每雏换针头；测定雏鸡血液是否LLV阳性，淘汰阳性雏和与之接触者；在隔离条件下饲养无LLV的各组鸡，连续进行4代，建立无LLV替代群。

(2) 无有效的治疗方法。但针对已经发病的鸡群，饮水中可增加抗菌药物和抗病毒等提高免疫力的药物，以防止继发感染，加入大量电解多维、维生素C以提高机体的体质。另外，还可以添加保肝护肾的药物，用于缓解肝脏和肾脏的负担。

九、鸡痘

鸡痘是由痘病毒引起的急性、热性、高度接触性传染病。多发生于70~150日龄的鸡。病鸡是主要传染源。经皮肤、黏膜、呼吸道感染是本病主要的传播途径。蚊虫叮咬可传播本病。管理不善、环境卫生不良、营养状况差和体外寄生虫等因素可加重病情，造成较大损失。

（一）临床症状

临床上可分为皮肤型、黏膜型和混合型三种。

1. 皮肤型鸡痘 可见鸡冠、肉垂、眼睑和身体无毛部位有散在的、结节状的病灶。病初在鸡冠、肉髯、眼皮、嘴角等部位出现麦麸样覆盖物，继而形成灰白色小结节，随着时间的延长，结节增大略发黄，成为表面凹凸不平、干燥坚硬的结节，随着结节数量的增加，它们互相融合最后形成较大的棕黑色痘痂。眼皮结节病初可见一侧或两侧眼睑肿胀，随后发现有一种灰白色小结节，很快增大到灰黄色芝麻粒甚至绿豆大的痘疣，并与附近的结节相融合，形成大的痘痂，使上下眼睑粘连。一般呈良性经过，对鸡精神、食欲及产蛋无大的影响，无继发感染时死亡率低。

2. 黏膜型鸡痘　又称白喉型，上呼吸道、口腔和食道部位的黏膜发生纤维素性坏死性增生病灶。病初临床表现为流鼻液、呼吸困难、精神委顿。病初可见口腔和咽喉黏膜上皮出现白色不透明、稍突起的小结节，后逐渐扩散形成伪膜，不易剥离，强行剥离后则呈现出血性糜烂区或稍下陷的溃疡。气管前部可见隆起的灰白色痘疹，散在或融合在一起，气管局部有干酪样渗出物。病鸡常因呼吸道阻塞窒息而死。死亡率达20%~40%。

3. 混合型鸡痘　鸡群兼有皮肤型和黏膜型的临床表现。若有继发感染，常诱发葡萄球菌病。

（二）病理变化

单纯的痘，内脏无特征性的病理变化，若发生继发感染，如葡萄球菌病等，可见继发症的特征性病理变化。

（三）防治技术

（1）平时加强饲养管理，增强机体的抵抗力。认真执行兽医卫生防疫措施，做好鸡舍等环境的消毒工作。

（2）防治的有效办法是搞好鸡群的疫苗接种。鸡20日龄左右刺种1次，开产前再免疫1次，可使鸡群得到较好保护。现在使用的疫苗多为鸡痘弱毒疫苗，可根据当地该病发生流行的情况，制订合理的免疫程序。接种方法多采用翼膜针刺法。接种疫苗的鸡群，于接种后7~10天，在接种处出现皮肤红肿或结痂的，说明疫苗接种成功，否则需重新接种，一般在接种成功后10~14天产生免疫力。

(3) 发病鸡无特效治疗药物。可采取对继发症有效的治疗措施，如防止葡萄球菌感染而造成死亡。

第二节 常见细菌和真菌性疾病

一、鸡大肠杆菌病

鸡大肠杆菌病是由致病性大肠杆菌引起的急性或慢性的细菌性传染病，是鸡的一种原发或继发性传染病，包括急性败血症、气囊炎、肝周炎、心包炎、卵黄性腹膜炎、输卵管炎、滑膜炎、眼炎、关节炎、脐炎、肉芽肿及肺炎等多种疾病。临床最常见的是急性败血症和卵黄性腹膜炎，单独发生或与其他疫病混杂在一起。病鸡和带菌鸡是主要传染源，传播途径主要有：垂直传播（经卵传递，有卵内感染和卵外感染两种方式）、呼吸道传播、经口感染。易成为其他疫病（如新城疫、鸡败血支原体、传染性支气管炎、传染性喉气管炎、鸡传染性法氏囊病）的并发病或继发病，在寒冷、通风不良、饲养密度过高、营养不平衡等条件下都可使病情加重，是养鸡业中最普遍和最严重的疾病之一。

（一）临床症状及病理变化

鸡大肠杆菌病在临诊上的表现极其复杂，与鸡的发病日龄、病程长短、受侵害的组织器官及部位、有无继发或混合感染有很大关系。雏鸡呈急性败血症经过，大鸡则以亚急性或慢性感染为主。通常包括以下病型：

1. 急性败血型 发病率和病死率都很高。病鸡精神沉郁、食欲减退或废绝、羽毛松乱。

剖检可见：主要病变有纤维素性心包炎、纤维素性肝周炎和纤维素性气囊炎。心包炎表现为心包积液，心包膜混浊、增厚，或者内有渗出物与心肌粘连；肝周炎表现肝脏肿大，表面有纤维素性渗出物，或者整个肝脏被纤维素性薄膜所包裹；气囊炎则表现气囊混浊，有纤维素性渗出物，或纤维素性渗出物充斥于腹腔内肠道和脏器间，气囊壁增厚。

2. 生殖器官感染 公鸡表现为睾丸充血，交媾器充血、肿胀。母鸡表现为卵泡膜充血，卵泡变形，局部或整个卵泡红褐色或黑褐色。输卵管充血、出血，内有多量渗出物，严重时有较大的呈黄白色、切面轮层状、较干燥的块状物，管壁变薄。有的在腹腔内见有外观灰白色的软壳蛋。病鸡常于发病几个月后死亡，不死者也极少产蛋。

3. 卵黄性腹膜炎 多见于产蛋中后期，病鸡腹部膨胀、重坠。

剖检可见：腹腔积有大量卵黄，肠道或脏器间相互粘连。稍慢死亡的鸡腹腔内有多量纤维素样物黏在肠道和肠系膜上，腹膜发炎、粗糙，有时可见肠粘连。

4. 肠炎 致病性大肠杆菌引起的原发性肠炎极少见，但偶尔肠毒性大肠杆菌（ETEC）菌株感染也可引起，可见病鸡生殖腔下方羽毛潮湿、污秽、粘连。当其感染某些病毒性疾病时，常可诱发某些致病性大肠杆菌菌株对肠道的致病作用，表现为腹泻和病态。

剖检可见：肠道的卡他性炎症。

5. 关节炎或足垫肿 幼、中雏感染居多。一般呈慢性经过，病鸡消瘦、生长发育缓慢，关节肿胀、跛行。

6. 肉芽肿 该型比较少见，但病死率较高。部分成鸡感染本菌后常在肠道等处产生大肠杆菌性肉芽肿。

剖检可见：十二指肠、肠系膜和肝脏等部位产生肉芽肿，病变通常为较小的结节状，有时则可形成较大的凝固性组织坏死灶。

7. 死胚和孵化率降低 此种情况较为多见，常因污染种蛋的大肠杆菌穿透蛋壳进入蛋内或该菌经蛋内传播所致。

检查死胚时可见卵黄囊内容物呈干酪样或黄棕色的水样物，后期死亡的鸡胚或孵出的雏鸡出现卵黄囊炎、脐炎或心包炎。

8. 卵黄囊炎和脐炎 指幼鸡的卵黄囊、脐部及其周围组织的炎症。主要发生于孵化后期的胚胎1～2周龄幼雏，死亡率为3%～10%，有时高达40%。初生雏鸡脐炎俗称“大肚脐”。病雏精神沉郁，少食或不食，腹部胀大下垂，脐孔及周围皮肤发红、水肿。

剖检可见：脐孔周围皮肤水肿，皮下淤血、出血、水肿，水肿液呈淡黄色或黄红色，脐孔开张，闭合不全。蛋黄没有吸收或吸收不良，卵囊充血、出血，囊内卵黄液黏稠或稀薄，多呈黄绿色，肠道呈卡他性炎症。肝脏肿大，有时见到散在的淡黄色坏死灶，肝包膜略增厚。

（二）防治技术

1. 预防本病首先要加强日常的饲养管理 改善鸡舍的通风条件，控制好鸡的饲养密度，认真落实鸡场兽医卫生防疫措施；种鸡场应加强种蛋收集、存放和整个孵化过程的卫生消毒管理；搞好常见多发疾病的预防工作。

2. 菌苗预防是经济、有效和安全的控制方法 大肠杆菌菌苗对相同血清型的菌株感染有较好的保护作用，但对不同血清型菌株感染的交叉保护很低，甚至不存在交叉保护作用。同时，由于其血清型繁多，致使疫苗保护率偏低，因此在进行疫苗防制前，应在对当地或养殖场内致病性大肠杆菌血清型监测的基础上，选择合适的疫苗进行免疫。

3. 鸡群发病后可用药物进行治疗 常用的有庆大霉素、诺氟沙星、金霉素、卡那霉素、链霉素、土霉素、复方新诺明等。由于大肠杆菌易产生耐药性，需要通过药敏试验选择合适的抗菌药物进行配合治疗，以最大限度地减少该病造成的损失。

二、鸡白痢

鸡白痢是由鸡白痢沙门杆菌引起的各种年龄鸡均可发生的细菌性传染病。有的呈急性败血性经过，有的则以慢性或隐性感染为主，是鸡的一种卵传染性疾病，雏鸡中流行最为广泛，多发生于孵出不久的雏鸡。成年种鸡的感染常局限于卵巢、卵和输卵管等处。病鸡和带毒鸡是主要传染源。除能通过消化道、眼结膜及交配感染外，还能通过带菌卵传播。

（一）临床症状及病理变化

鸡白痢可根据感染日龄和临诊表现分为雏鸡白痢、育成鸡白痢和成年鸡白痢。

1. 雏鸡白痢　表现为经卵垂直感染的雏鸡，在孵化器或孵出后不久即可看到虚弱、昏睡，继而死亡。雏鸡出壳后，5~6 天开始发病，2~3 周龄是雏鸡白痢发病和死亡高峰。病雏表现为精神沉郁，不愿走动，低头缩颈，聚成一团，不食或少吃，羽毛松乱，两翼下垂，闭眼昏睡。突出表现是下痢，排出白色糨糊样粪便，泄殖腔周围的绒毛被粪便污染，干涸后封住泄殖腔口周围，影响排粪。有的病雏可见喘气、呼吸困难。有的可见关节肿大，行走不便、跛行。

剖检可见：肝脏、脾脏和肾脏肿大、充血，有时肝脏可见大小不等的坏死点。卵黄吸收不良，内容物呈奶油状或干酪样黏稠物。有呼吸道症状的雏鸡肺脏可见有坏死或灰白色结节。心包增厚，心脏上可见有坏死或结节，略突出于脏器表面；肠道呈卡他性炎症，盲肠膨大。

2. 育成鸡白痢　多发生于 40~80 日龄的鸡，地面平养的鸡群发病率比网上和笼养鸡高，常突然发生。鸡群中不断出现精神、食欲差和下痢的鸡，常突然死亡，死亡不见高峰，每天都有鸡死亡，且数量不一。但全群鸡食欲、精神无明显变化。

剖检可见：肝脏肿大，有的为正常肝脏数倍，质脆，极易破裂，被膜下可看到散布或较密集的大小不等的坏死灶。脾脏肿大，心包增厚，心包膜呈黄色不透明。心肌可见数量不一的黄色坏死灶，严重的心脏变形、变圆。有时在肌胃上也可见到类似的病变。

3. 成年鸡白痢 一般无明显症状，部分病鸡面色苍白、鸡冠萎缩、精神委顿、缩颈垂翅、食欲丧失、产卵停止，排白色稀粪。有的感染鸡可因卵黄性腹膜炎而呈“垂腹”现象。当鸡群感染比例较大时，可明显影响产蛋量，产蛋高峰不高，维持时间短，死淘率增高。

剖检可见：多数卵巢仅有少量接近成熟或成熟的卵子。已发育或正在发育的卵子变色，有灰色、黄灰色、黄绿色、灰黑色等；卵子变形，呈梨形、三角形、不规则等形状；卵子变性，卵子内容物稀薄如水样，米汤样或油脂状，变性的卵子有长短粗细不同的卵蒂（柄状物）与卵巢相连。卵黄膜增厚、卵子形态不规则。脱落的卵子进入腹腔，引起广泛的腹膜炎及腹腔脏器粘连。肠道呈卡他性炎症。

（二）防治技术

防控鸡白痢的原则是杜绝病原菌的传入，清除群内带菌鸡，同时严格执行卫生、消毒和隔离制度。

(1) 通过严格的卫生检疫和检验措施，建立完善的良种繁育体系，慎重引进种鸡、种蛋，必须引进时应了解对方的疫情状况，防止病原菌进入本场。

(2) 鸡群应定期通过全血平板凝集反应进行全面检疫，淘汰阳性鸡和可疑鸡，以建立健康种鸡群。

(3) 坚持种蛋孵化前的消毒工作，可通过喷雾、浸泡等方法进行，同时应对孵化场、孵化室、孵化器及其用具定期进行彻底消毒，杀灭环境中的病原菌。

（4）加强鸡群的饲养管理，保持育雏室、养鸡舍及运动场的清洁、干燥，加强日常的消毒工作。发现病鸡，迅速隔离（或淘汰）消毒。全群进行抗菌药物预防或治疗，但是治愈后的蛋鸡可能长期带菌，故不能作种用。

（5）对幼雏定期应用微生态制剂（如抗痢宝、促菌生等）预防沙门杆菌感染，可获得良好效果。该制剂在鸡肠道内除能竞争性抑制病原菌外，还可使肠道内正常菌群达到微生态平衡从而起到保健和促生长作用，同时不产生耐药性，没有药物残留，使蛋及肉品更加安全可靠。

（6）对发病鸡群，根据药敏试验结果，选用高效敏感抗生素。常用的药物及用法用量如下。① 诺氟沙星，0.01%~0.02%拌入饲料中，连用5~7天。② 硫酸庆大霉素针剂，6 000~10 000国际单位/千克体重，肌内注射，每天1次，连用3天。③ 阿米卡星，20毫克/千克体重，肌内注射，每天2次，连用3~5天。

注意：饲料中拌药时，要准确称取需要拌饲的药量，先用0.5千克饲料与其充分混匀，再把混匀的药料与2.5千克饲料充分搅拌均匀，然后再混匀于10千克饲料中，这样逐渐递增饲料的量直到全部拌均匀。

三、鸡坏死性肠炎

鸡坏死性肠炎是由魏氏梭菌引起的一种传染病。1~4月龄的蛋雏鸡、育成鸡多发。本病的病原菌广泛地存在于自然环境中，主要在粪便、土壤、灰尘、被污染的饲料和垫料及肠道内容物中。传播途径以消化道为主。一般多为散发。发病后死亡率与诱发因素的强弱和治疗是否及时有效有直接关系，一般为5%~30%。

（一）临床症状及病理变化

本病多发生于2~5周龄平养的雏鸡。常突然发生，起病急，病鸡精神委顿，食欲减退或消失，羽毛蓬乱，腹泻，粪便呈黑褐色，混有血液。

病理变化：主要在小肠，尤其是空肠和回肠，肠管肿胀呈灰蓝色或污黑绿色，肠壁菲薄，肠黏膜脱落，形成假膜，肠内容物呈血样乃至煤焦油样，充满气体；肠壁散在有土黄色、大小不一、数量不等的坏死灶。肝、脾肿大出血，有的肝表面散在着灰黄色坏死灶。

（二）防治技术

（1）加强鸡群的饲养管理，不喂发霉变质的饲料；搞好鸡舍的清洁卫生和消毒工作；对地面平养的鸡群搞好球虫病的预防。

（2）本病一旦发生，尽早给全群鸡制药进行防治。常用的抗生素有青霉素、卡那霉素、庆大霉素、泰乐菌素等。青霉素G雏鸡饮水，每天每只鸡2 000国际单位，1~2小时饮完，连用4~5天。

四、禽霍乱

禽霍乱又称禽巴氏杆菌病、禽出血性败血症，或简称禽出败。本病是由多杀性巴氏杆菌引起的鸡的一种传染病。常呈现败血性症状，发病率和死亡率很高，但也常出现慢性或良性经过。育成鸡和成年产蛋鸡多发，营养状况良好，高产鸡易发。病鸡、康复鸡或健康带菌鸡是本病主要传染源，主要通过被污染的饲料、饮水经消化道感染发病。

（一）临床症状及病理变化

根据病程长短，本病一般分为三型。

1. 最急性型 多见于流行初期。个别禽只，尤其是高产禽和营养状况良好的禽常无明显症状，突然倒地，双翼扑动几下就死亡。该型常看不到明显病理变化，有时只能看见心外膜有少量出血点，肝脏表面有数个针尖大小的灰黄色或灰白色的坏死点。

2. 急性型 大多数病例为急性经过，主要表现呼吸困难，鼻和口中流出混有泡沫的黏液，冠髯发绀呈黑紫色。常有剧烈腹泻，肉髯水肿。病理剖检变化是皮下组织、腹部脂肪和肠系膜常见大小不等出血点。心包变厚，心包积有淡黄色液体，并混有纤维素；心外膜、心冠脂肪有出血点。肝脏病变具有特征性，表现为肿大、质脆，呈棕红色、棕黄色或紫红色，表面广泛分布针尖大小、灰白色或灰黄色、边缘整齐、大小一致的坏死点。肠道尤其是十二指肠黏膜红肿，呈暗红色，有弥漫性出血或溃疡，肠内容物含有血液。

3. 慢性型 多发于流行后期或由急性病例转来。病鸡鸡冠和肉髯肿胀、苍白，随后干酪样化，甚至坏死脱落；关节肿胀、跛行，以及慢性肺炎和胃肠炎症状。病程可达 1 个月以上，生长发育和产蛋长期不能恢复。病理解剖变化常因侵害的器官不同而有差异，一般可见鼻腔、气管、支气管有多量黏性分泌物，肺质地变硬；肉髯肿大，内有干酪样渗出物；关节肿大、变形，有炎性渗出物和干酪样坏死；产蛋母鸡还可见到卵巢出血，卵黄破裂，腹腔内脏表面上附有卵黄样物质。

（二）防治技术

（1）平时的预防措施。主要应包括加强饲养管理，注意通风换气和防暑防寒，避免过度拥挤，减少或消除降低机体抗病能力的因素，并定期进行消毒，杀灭环境中可能存在的病原体；坚持全进全出饲养制度；常发本病的地区或养禽场，可接种疫苗。

（2）发生本病时，应立即隔离患病禽并严格消毒其污染的场所，在严格隔离条件下可进行治疗，常用的治疗药物有青霉素和磺胺类等多种抗菌药物，有条件的饲养场应通过药敏试验选择有效药物全群给药。

五、鸡毒支原体感染

鸡毒支原体感染又称鸡败血支原体感染或鸡慢性呼吸道病，

是由鸡败血支原体引起鸡的一种慢性呼吸道传染病，是鸡的一种卵性传染性疾病。凡是能使鸡体抵抗力降低的各种因素均可成为本病发生的诱因。4~8 周龄鸡最易感。病鸡主要表现为气管炎和气囊炎，以咳嗽、气喘、流鼻液和呼吸啰音为特征。该病流行缓慢、病程长，成年鸡多呈隐性感染，可在鸡群长期存在和蔓延。

（一）临床症状及病理变化

不同鸡群、不同季节、不同饲养管理条件下发病率相差较大，一般百分之几，多的可达 10%，严重的达 20%~30%。单纯感染时，首先出现呼吸道症状，夜间可明显听到鸡群中有喘鸣音。幼龄鸡发病的症状比较典型，表现为浆液或黏液性鼻液，鼻孔常见浆性、黏性分泌物，鸡频频摇头、打喷嚏。当炎症蔓延下部呼吸道时，则喘气和咳嗽更为显著，有呼吸道啰音。后期可因鼻腔和眶下窦中蓄积渗出物而引起眼睑肿胀，症状消失后，发育受到不同程度的抑制。如无并发症，病死率较低。病程在 1 个月以上，甚至 3~4 个月。病鸡食欲、精神差，但很少发生死亡。小鸡生长发育受阻，产蛋鸡感染后，影响产蛋，只表现产蛋量下降和孵化率低，孵出的雏鸡活力降低。

病理变化：切开肿胀的眼睛，可挤出黄色的干酪物凝块；喉头、气管可见黏膜肿胀，黏膜表面有灰白色黏液，喉头最明显。分泌物多，常见到黄色纤维素样性渗出物。严重的呈干酪样物堵塞在喉裂处致病鸡窒息而死。呼吸啰音明显的病鸡，特征性的病变有胸腹气囊灰色混浊、变厚，“呈白色塑料布样”的气囊内有黏稠渗出物或黄白色干酪样物。鼻黏膜水肿、充血、肥厚，窦腔内存有黏液和干酪样渗出物。

（二）防治技术

（1）加强饲养管理，改善鸡舍通风条件，严格执行全进全出的饲养管理制度，从无支原体污染的种鸡场引进健康雏鸡。入雏前彻底清洗消毒，以每一个鸡舍为一个隔离单位，保持严格的清洁卫生。做好主要病毒病的防治工作，消除引起鸡抵抗力下降的一切因素是预防本病的前提。

（2）进行科学合理的疫苗免疫。控制本病感染的疫苗有灭活苗和活疫苗两大类。灭活疫苗以油乳剂灭活苗效果较好，多用于蛋鸡和种鸡；活疫苗主要是 F 株和温度敏感突变株 S_6 株，既可用于尚未感染的健康鸡群，也可用于已感染的鸡群，据报道免疫保护率在 80%以上。

（3）消除种蛋内支原体。鸡败血支原体病属于蛋传递疾病，选用有效的药物浸泡种蛋，或将种蛋加热处理。

（4）建立无支原体病的种鸡群。主要方法如下：①选用对支原体有抑制作用的药物，降低种鸡群的带菌率和带菌的强度，减低种蛋的污染率。②种蛋 45℃ 处理 14 小时，或在 5℃ 泰乐菌素药液中浸泡 15 分钟。③雏鸡小群饲养，定期进行血清学监测，一旦出现阳性鸡，立即将小群淘汰。④做好孵化箱、孵化室、用具、鸡舍等环境的消毒，加强兽医生物安全措施，防止外来感染。⑤产蛋前进行一次血清学检查，均为阴性时方可用作种鸡。当完全阴性反应亲代鸡群所产蛋不经过处理孵出的子代雏鸡群，经过多次检测未出现阳性时，方可认为是无支原体的病鸡。

（5）药物治疗。泰乐菌素 0.5 克/升混水饮用，连用 5～7 天；红霉素 0.01%混水饮用，连喂 3～5 天；强力霉素 0.01%～0.02%混料，连用 3～5 天。大观霉素和链霉素也有效。

六、禽曲霉菌病

禽曲霉菌病主要是由烟曲霉菌引起的多种禽类的真菌性疾病。引起禽曲霉菌病的曲霉以烟曲霉和黄曲霉为主。曲霉菌孢子在自然界中分布广泛且抗力很强，禽类常因接触发霉饲料和垫料经呼吸道或消化道而感染。幼禽易感，4～12 日龄最为易感，常表现为群发和急性经过，成年禽有一定的抵抗力，呈散发和慢性感染。种蛋污染可导致出壳不久的鸡只发病，有的因孵化器、出雏器和孵化室被曲霉菌严重污染而引起1日龄雏鸡感染发病，多数情况下典型的病例见于5日龄以后。1月龄时本病基本平息。

（一）临床症状

幼雏发病多呈急性经过，可见呼吸困难，喘气，呼吸促迫。病雏食欲明显减退或不食，饮欲增加。羽毛逆立，对外界刺激反应淡漠，嗜睡，常伴有下痢症状，病鸡明显消瘦。眼睛受感染的雏鸡，可出现一侧或两侧眼球发生灰白色混浊、肿胀，眼内见有干酪样分泌物。发病后2~7天死亡，慢性者可达2周以上。死亡率高达50%以上。种蛋被污染可降低孵化率。成年鸡感染发病，病程长，多为慢性经过。有类似喉气管炎的症状，产蛋量下降，死亡率低。

（二）病理变化

急性死亡的病雏一般看不到明显的病变。时间稍长的病例，在肺部可见粟粒至绿豆大小的黄白色或灰白色结节，质地较硬。同时常伴有气囊壁增厚，壁上见有相同大小的干酪样斑块。随病程发展，气囊壁明显增厚，干酪样斑块增多、增大，有的融合在一起。后期病例可见于酪样斑块上及气囊壁上形成灰绿色霉菌斑。病情严重的，腹腔、浆膜、肝、肾等表面有灰白色结节或灰绿色斑块。

（三）防治技术

（1）加强雏鸡群的饲养管理是防治本病的关键措施。认真做好以下各方面的工作，可有效防止本病的发生。①种蛋库要清洁、干燥，经常消毒。②认真做好孵化全过程的兽医防病管理。③不要使用发霉变质的垫草、饲料。④地面平养鸡舍内的饲槽、饮水器周围极易滋生霉菌，可经常改变饲槽、饮水器的放置地点。⑤在潮湿、闷热、多雨季节要采取有力措施，防止饲料、垫草发霉。饲槽、饮水器要经常刷洗、消毒。同时加强鸡舍通风，最大限度地减少舍内空气中霉菌孢子的数量。

（2）本病发生后应迅速查清原因并立即排除，让鸡群脱离被曲霉菌严重污染的环境，以减少新发病例、有效控制本病继续蔓延。挑出病鸡，严重病例扑杀淘汰，症状轻的及同群鸡可用1∶20 000的硫酸铜溶液代替全部饮水，供鸡只自由饮用，有一定效果。种鸡可考虑应用制霉菌素或两性霉素进行治疗。为防止继发感染，在饮水中可适量添加抗生素。

第三节　常见营养代谢性疾病

蛋鸡在生长发育的不同时期、不同情况下，需要从饲料中摄取适当数量和质量的营养。任何营养物质的缺乏或过量和代谢失常，均可造成机体内某些营养物质代谢过程的障碍，由此而引起的疾病，称为营养代谢病。引起营养代谢病的原因有：营养物质摄入不足（如日粮供给不足、日粮中缺乏某些营养物质、因食欲不振引起摄入量不足）、营养物质的需要量增多（如产蛋高峰期、应激状态下、患寄生虫病和慢性传染病）、营养物质的平衡失调（如钙磷比例失调）、饲料饲养方式和环境改变等（如日粮中长期添加抗生素或其他药物，影响肠道微生物合成某些维生素和氨基酸）。因此，在查找营养缺乏症时，不仅须注意原发性或绝对的缺乏症，还须注意条件性或相对缺乏症。

一、维生素 A 缺乏症

维生素 A 缺乏症是由维生素 A 或其前体胡萝卜素缺乏或不足或消化吸收障碍所引起的以黏膜和皮肤上皮角化变质、生长缓慢、干眼病、夜盲症、繁殖功能障碍及机体免疫力低下为主要特征的营养代谢性疾病。

（一）临床症状

雏鸡一般发生在1~7周龄，病雏消瘦，生长缓慢，发育不良。小鸡喙和小腿皮肤的黄色（来航鸡）消失。雏鸡急性维生素A缺乏时，可出现眼眶水肿，流泪，眼睑内有干酪样分泌物，角膜混浊不透明。严重的角膜软化或穿孔失明。

产蛋鸡产蛋量和孵化率下降。成年鸡通常2~5个月内出现症状，呈慢性经过，严重缺乏时，鼻孔和眼可见水样排出物，上下眼睑往往被黏着在一起，眼睛中有乳白色干酪样物质积聚，最后角膜软化，眼球下陷，甚至穿孔，多数病例出现失明，喙和爪黄色消褪。

由于黏膜上皮角化，腺体萎缩，极易继发鼻炎、支气管炎、肺炎、胃肠炎等疾病，或因抵抗力下降继发感染某些传染病。

（二）病理变化

口腔黏膜有白色小结节或覆盖一层白色的豆腐渣样薄膜，剥离黏膜无出血溃疡。食道黏膜上皮增生和角化。肾脏和输尿管内蓄积多量尿酸盐。

（三）防治技术

（1）根据生长与产卵不同阶段的营养要求特点，调节维生素、蛋白质和能量水平，保证其生理和生产需要。按美国NRC饲养标准，配合饲料中维生素A的含量：雏鸡为每千克饲料1 500国际单位，产蛋鸡、种鸡为每千克饲料4 000国际单位。目前实际需要量应高于NRC标准。

（2）饲料不宜贮存过久，以免胡萝卜素破坏而降低维生素A效应，也不宜过早将维生素A掺入饲料中用作储备饲料，以免氧化破坏。

（3）查明病因，积极治疗原发病，同时改善饲养管理条件，加强护理。

（4）治疗可用维生素A制剂和富含维生素A的鱼肝油。每千克饲料中添加鱼肝油 5 毫升，连用 10～15 天，成年重病鸡每天经口服浓缩鱼肝油 1 丸，幼龄重病鸡每天滴服鱼肝油数滴，连续数日，同时每 100 千克饲料的多种维生素由 34 克增至 50 克，有条件的可适当喂一些青绿饲料，经一段时间的治疗，只要眼部病变未到失明程度，大多数病鸡可以很快恢复健康。

（5）维生素 A 剂量过大或应用时间过长会引起中毒，应用时应予注意。

二、维生素 D 缺乏症

维生素 D 缺乏症也称雏鸡软脚病或软骨症。维生素 D 是蛋鸡正常骨骼、喙和蛋壳形成中所必需的物质，它能调节机体内钙和磷的代谢，促进钙和磷由肠道吸收，对骨组织的沉钙成骨有直接作用。当日粮中维生素 D 供应不足、光照不足或消化吸收障碍等皆可致病，使蛋鸡的钙、磷吸收和代谢障碍，发生以骨骼、喙和蛋壳形成受阻为特征的维生素 D 缺乏症。

（一）临床症状

1. 雏鸡　幼鸡通常发病较快，最早在出壳后 10～11 天发病，一般在 1 月龄左右发病，表现为佝偻病，幼禽发病后，生长显著不良，两腿无力，跛行，步态不稳，喜欢用胫关节蹲伏休息，病雏喙和爪变柔软。龙骨变软，呈弯曲状，肋骨和软骨的连接处内陷显著肿大而形成圆形的结节，所有肋骨沿胸廓呈内弧形，荐尾下弯，致使胸廓及盆骨发生畸形，长骨变脆且易骨折，羽毛粗乱无光泽，甚至长出不正常的带黑色的羽毛。

2. 产蛋鸡　产蛋母鸡缺乏维生素 D，产薄壳蛋、软壳蛋的数量显著增多，随后产蛋量、孵化率明显下降，胚蛋常在孵化后 8～9天致死。病重母鸡呈特殊的企鹅式蹲势，继而胸骨弯曲，肋骨向内凹陷。

(二) 病理变化

病鸡骨骼发育不全，骨质疏松，长骨弯曲易断，特征性的病变是在肋骨与脊椎连接处呈串珠状，肋骨向后下弯曲，胫骨或股骨的骨骺钙化不良。成年病鸡剖检的另一特征变化是甲状旁腺增大数倍。

(三) 防治技术

(1) 按 NRC 标准，每千克日粮需维生素 D_3：蛋鸡为 200 国际单位；种用蛋鸡为 500 国际单位。1 国际单位维生素 D 相当于 0.025 微克结晶维生素 D_3，或 10 微克结晶维生素 D_3 相当于 400 国际单位维生素 D。以上需维生素量应根据日粮中磷、钙总量与比例及直接照射日光时间的长短来确定，否则，也易造成缺乏症或过多症。

(2) 治疗时，在饲料中添加维生素 D_3 微粒（每克 50 国际单位），剂量为 100 千克饲料添加 3~4 克，用 3 天即可见明显好转，病鸡可滴服鱼肝油每次 2~3 滴，每日 3 次；用维丁胶性钙每只每天 1 次肌内注射 0.2 毫升，连用 7 天；苍术末每次 1~2 克，每天 2~3 次口服，效果很好，同时在日粮中补充含维生素 D_3 的添加剂如维生素 AD_3、维生素 AD_3E、多种维生素等。

(3) 饲料中维生素 D 的含量超过正常需要量的 4~6 倍时，可使肾脏受到损害，称为维生素 D 过多症。

三、硒和维生素 E 缺乏症

硒和维生素 E 缺乏症主要是由于体内微量元素硒和维生素 E 缺乏或不足而引起的一种营养缺乏病。

(一) 临床症状及病理变化

1. 脑软化 15~30 日龄病雏多发，呈现共济失调，头向下挛缩或向一侧扭转，步态不稳，时而向前或侧面冲击，两腿麻痹，腿向外伸，发生痉挛性抽搐。

病变主要表现在脑很柔软，脑膜水肿，并有散在的出血点；小脑坏死组织常呈灰白色，肿胀而湿润，1~2 天坏死区呈黄绿色混浊样。

2. 鸡的渗出性素质　雏鸡或育成鸡，由于维生素 E 和硒同时缺乏而引起的一种伴有毛细血管通透性异常的皮下组织水肿病，因为腹部皮下水肿积液，使两腿外叉，水肿处呈蓝绿色，穿刺或剪开水肿处流出较黏稠的蓝绿色液体。剖开体腔，可见心包积液、心脏扩张等变化。

3. 白肌病　由维生素 E 与含硫的氨基酸（如蛋氨酸、胱氨酸）同时缺乏而引起，多见于 1 月龄左右，病雏鸡陆续发生，消瘦、行走无力。剖检可见骨骼肌尤其是胸肌和腿肌因营养不良而苍白贫血，并有灰白色条纹。

4. 其他　成年公鸡缺乏维生素 E 时，性欲不强，精液中精子减少甚至无精；种蛋受精率低，弱精蛋多，早期死胚增多。

（二）防治技术

防止饲料贮存时间过长，或受到无机盐和不饱和脂肪酸所氧化及拮抗物质的破坏。保证供给蛋鸡足量的维生素 E。发病后要及时治疗，治疗方法如下：

1. 雏鸡脑软化症　每只鸡每日一次口服维生素 E 5 国际单位，病情较轻的鸡 1~2 天即明显见效，可连续服 3~4 天。

2. 雏鸡渗出性素质病及白肌病　每千克饲料加维生素 E 20 国际单位或植物油 5 克，亚硒酸钠 0.2 毫克，蛋氨酸 2~3 克，连用 2 周。

3. 成年鸡缺乏维生素 E　每千克饲料加维生素 E 10~20 国际单位，或植物油 5 克，或大麦芽 30~50 克，连用 2~4 周，并酌情喂青绿饲料。

四、维生素 K 缺乏症

维生素 K 缺乏症（Vitamin K Deficiency）是由于维生素 K 缺乏使血液中凝血酶原和凝血因子减少，以造成蛋鸡血液凝固过程发生障碍，血凝时间延长或出血等病症为特征的疾病。

（一）临床症状

病鸡主要表现凝血时间延长和具有出血性症状。雏鸡饲料中维生素 K 缺乏，通常经 2~3 周出现症状。主要特征症状是病鸡体躯不同部位出血，如胸部、翅膀、腿部、腹膜及皮下和胃肠道都能看到出血的紫色斑点；出血持续时间长或大面积大出血，病鸡鸡冠、肉髯、皮肤干燥苍白，肠道出血严重的则发生腹泻，致使病鸡严重贫血，常蜷缩在一起，雏鸡发抖，不久死亡；病种鸡的种蛋孵化率降低，使种蛋孵化过程中胚胎死亡率提高。

（二）防治技术

（1）针对病因采取相应措施。给雏鸡日粮添加维生素 K_3 1~2 毫克/千克，并配给适量富含维生素 K 及其他维生素和矿物质的青绿饲料、鱼粉、肝脏等有预防作用。

（2）对病鸡可在饲料添加维生素 K_3 3~8 毫克/千克或肌内注射 K_3 注射液，每只鸡 0.5~3 毫克。一般在用药后 4~6 小时，可使血液凝固恢复正常，若要完全制止出血，需要数天才可见效，同时给予钙剂治疗，疗效会更好。

五、B 族维生素缺乏症

B 族维生素包括维生素 B_1、维生素 B_2、维生素 B_3（烟酸）、维生素 B_5（泛酸）、维生素 B_6、维生素 B_{11}（叶酸）、维生素 B_{12}（钴胺素）、维生素 H（生物素）和胆碱等 10 多种水溶性维生素。它们是有着不同结构的化合物，作为酶的辅酶参加体内物质代谢。它们协同作用，调节新陈代谢，维持皮肤和肌肉的健康，增进免疫系统和神经系统的功能，促进细胞生长和分裂。B 族维生素来源广泛，除玉米缺乏烟酸外，一般饲粮中不会缺乏，但因易氧化破坏，常出现缺乏症。B 族维生素缺乏症的症状是消化功能障碍、消瘦、皮炎、跛脚、神经症状、毛乱无光、少毛、脱毛、运动功能失调、产蛋鸡产蛋率减少，雏鸡生长缓慢。

（一）维生素 B_1 缺乏症

维生素 B_1 是由一个嘧啶环和一个噻唑环结合而成的化合物，因分子中含有硫和氨基，故又称硫胺素。它是蛋鸡碳水化合物代谢所必需的物质。由于维生素 B_1 缺乏而引起蛋鸡碳水化合物代谢障碍及神经系统的病变为主要临床特征的疾病称为维生素 B_1 缺乏症。

1. 临床症状　雏鸡缺乏维生素 B_1 约 10 天即可出现多发性神经炎症状。突然发病，呈现“观星”姿势，头向背后极度弯曲呈角弓反张状，由于腿麻痹不能站立和走路，病鸡的跗关节和尾部着地，坐在地面或倒地侧卧，严重的衰竭死亡；成年鸡硫胺素缺乏约 3 周后出现症状，病鸡食欲减退，生长缓慢，羽毛松乱无光泽，腿软无力，步态不稳，鸡冠常呈蓝色。以后神经症状逐渐明显，呈现进行性肌麻痹症状，开始是脚趾的屈肌麻痹，接着向上发展，腿、翅膀和颈部的伸肌明显出现麻痹。有些病鸡出现贫血和拉稀。

2. 病理变化　剖检可见：胃肠道有炎症，十二指肠溃疡，睾丸和卵巢明显萎缩。小鸡皮肤水肿，肾上腺肥大。

3. 防治技术

（1）保持日粮组成的全价性，供给富含 B 族维生素的饲料。

（2）病鸡用硫胺素治疗，每千克饲料加 10~20 毫克，连用 1~2周；重病鸡肌内注射，雏鸡每次 1 毫克，成年鸡 5 毫克，每日 1~2 次，连续数日。

（二）维生素B_2（核黄素）缺乏症

维生素B_2是由核醇与二甲基异咯嗪结合构成的，由于异咯嗪是一种黄色色素，故又称为核黄素。核黄素缺乏症是以雏鸡的趾爪向内蜷曲、两腿发生瘫痪为主要特征的营养缺乏病。

1. 临床症状 1~2周龄雏鸡缺乏核黄素时足趾向内蜷曲，不能行走，以跗关节着地，展开翅膀维持平衡。两腿发生瘫痪，腿部肌肉萎缩和松弛，皮肤干而粗糙；育成鸡病至后期，腿避开而卧，瘫痪；母鸡的产蛋量下降，蛋白稀薄，蛋的孵化率降低，死胚呈现皮肤结节状绒毛、颈部弯曲，躯体短小，关节变形，消肿，贫血和肾脏变性等病理变化。有时也能孵出雏，但多数带有先天性麻痹症状，体小，浮肿。

2. 病理变化 剖检可见：病死雏鸡肠壁薄，肠内充满泡沫状内容物。病死成年鸡的坐骨神经和臂神经显著肿大和变软，尤其是坐骨神经的变化更为显著，其直径比正常大4~5倍。

3. 防治技术

（1）对雏鸡开食时应喂标准配合日粮，或在每吨饲料中添加2~3克核黄素即可预防本病发生。

（2）治疗病鸡，可在每千克饲料中加入核黄素20毫克饲喂，治疗1~2周。

（3）对足爪已经蜷缩、坐骨神经损伤的病鸡，即使用核黄素治疗也无效。

（三）维生素B_3（泛酸）缺乏症

泛酸是辅酶A的组成部分，存在于活细胞中，与脂肪和胆固醇的合成有关。长期饲喂玉米，可引起泛酸缺乏症。

1. 临床症状 病鸡头部羽毛脱落，头部、趾间和脚底皮肤发炎，外层皮肤有脱落现象，并产生裂隙，以致行走困难，有时可见脚部皮肤增生角化，有的形成疣状隆凸物。幼鸡羽毛松乱，眼睑常被黏液渗出黏着，口角、肛门周围有痂皮，口内有脓样物质。

2. 防治技术　泛酸极不稳定，易受潮分解，因而在与饲料混合时，都用其钙盐。

（1）添加酵母粉，按每千克饲料补充10～20毫克泛酸钙。啤酒酵母中含泛酸钙最多。饲喂新鲜青绿饲料、苜蓿粉等也可预防本病的发生。

（2）缺乏泛酸母鸡所孵出的雏鸡虽然极度衰弱，但立即腹腔注射200微克泛酸可见明显疗效，否则不易存活。

（四）烟酸（尼克酸）缺乏症

烟酸是体内酶和辅酶的组成成分，参与细胞的呼吸和代谢。

1. 临床症状与病变　幼雏多见，均以生长停滞、羽毛稀少和皮肤角化过度而增厚等为特有症状。皮肤发炎有化脓性结节。腿部关节肿大、骨短粗、腿骨弯曲，与滑腱症有些相似，但是其跟腱极少滑脱。产蛋鸡引起脱毛，有时能看到足和皮肤有鳞状发炎。雏鸡口黏膜发炎，消化不良和下痢。严重病例许多器官发生明显的萎缩，骨骼、肌肉及内分泌腺可发生不同程度的病变。盲肠和结肠上时有豆腐渣样覆盖物，肠壁厚而易碎。

2. 防治技术

（1）调整日粮中玉米比例，或添加色氨酸、啤酒酵母、米糠、麦麸、豆类、鱼粉等富含烟酸的饲料。

（2）对病雏鸡可在每吨饲料中添加15～20克烟酸。如若有肝病存在，可配合应用胆碱或蛋氨酸进行防治。

（五）维生素B_6（吡哆素）缺乏症

维生素B_6又名吡哆素，有吡哆醇、吡哆醛、吡哆胺3种形式，是鸡体重要辅酶，在氨基转换、脱羧等反应中起重要作用。

1. 临床症状　小鸡患病时，出现食欲下降、生长不良、贫血、特征性神经症状。行走时双脚神经性的颤动，常产生激烈的痉挛性抽搐致死。有的则呈现胫骨短粗；成年鸡产蛋量和蛋孵化率明显下降，贫血，并逐渐衰竭死亡。

2. 病理变化 剖检可见：死鸡皮下水肿，内脏器官肿大，脊髓和外周神经变性。有的呈肝变性。

3. 防治技术

（1）按 NRC 标准供给吡哆素需要量：雏鸡、产蛋鸡皆是 3 毫克/千克，种母鸡是 4.5 毫克/千克。

（2）有些品种的鸡需要量大，如洛岛红与芦花杂交种雏鸡的需要量比白来航雏鸡需要量高得多，应加大供给量。

（六）生物素缺乏症

生物素又叫维生素 H，是中间代谢过程中催化羧化反应的多种酶的辅酶，以多种形式参与脂肪、蛋白质和糖的代谢，并与脂肪的合成有关。

1. 临床症状及病理变化 雏鸡食欲减退，羽毛干燥变脆，趾爪、喙底和眼周围皮肤发炎，以及骨短粗等变化。成年鸡种蛋的孵化率降低，胚胎发生先天性骨短粗症。胚胎死亡率在孵化第一周最高，最后 3 天其次。大多数死亡的鸡胚呈现软骨营养障碍，体型变小，鹦鹉嘴，胫骨严重弯曲，跗跖骨短粗而扭曲，有些鸡胚出现并趾症。

2. 防治技术

（1）供给标准量生物素，按 NRC 标准：雏鸡、种鸡 0.15 毫克/千克饲料。

（2）日粮中陈旧玉米、麦类不要过多，减少较长时间喂磺胺、抗生素类添加剂。

（3）种鸡每千克饲料添加 150 微克生物素，可收到良好效果。

（七）维生素 B_{11}（叶酸）缺乏症

叶酸因其普遍存在于植物绿叶中而得名。叶酸的主要功能是合成氨基酸和形成红细胞。

1. 临床症状与病理变化 病雏鸡生长停滞，贫血，羽毛生长不良或色素缺乏。部分病鸡表现特征性的伸颈、麻痹。若不及时喂叶酸，往往于症状出现后2天内便死亡。产蛋鸡产蛋量下降，蛋的孵化率也降低。死亡鸡胚的嘴变形和胫跗骨弯曲。

2. 防治技术

（1）提供科学的饲料配方和优质的饲料原料。饲料里应搭配一定量的黄豆饼、啤酒酵母、亚麻仁饼或肝粉，防止单一用玉米作饲料，以保证叶酸的供给，可达到预防目的。

（2）治疗病鸡，肌内注射叶酸制剂50~100微克，在1周内血红蛋白值和生长率即恢复正常；或在每100克饲料中加入500微克叶酸。若同时配合应用维生素B_{12}、维生素C进行治疗，效果更好。

（八）维生素B_{12}（钴胺素）缺乏

维生素B_{12}是唯一含有金属元素钴的维生素，所以又称为钴维生素。它是动物体内代谢的必需物质，缺乏后引起营养代谢紊乱、贫血等病症。

1. 临床症状　病雏鸡生长缓慢，食欲降低，饲料利用率低，贫血。随着病程发展，出现神经症状、羽毛缺陷、腿部疲软、滑腱症及肌胃糜烂。病母鸡的蛋被孵化到16~18天时就出现胚胎死亡率的高峰。

2. 病理变化　特征性的病变是鸡胚生长缓慢，鸡胚体形缩小，皮肤呈弥漫性水肿，肌肉萎缩，心脏扩张并形态异常，甲状腺肿大，肝脏脂肪变性，卵黄囊、心脏和肺脏等内脏均有广泛出血。有的还呈现骨短粗病等病理变化。

3. 防治技术

（1）多喂动物性饲料，选用多种维生素可促进其早日康复。雏鸡、生长鸡群，在饲料中增补鱼粉、肝粉和酵母等。如每千克鱼粉含100~200微克维生素B_{12}；鸡舍的垫草也含有较多量的维生素B_{12}。若同时喂氯化钴，可增加合成维生素B_{12}的原料。

（2）种鸡日粮中每吨加入4毫克维生素B_{12}，可使其种蛋能保持最高的孵化率，并使孵出的雏鸡体内储备足够的维生素 B_{12}，出壳后数周内有预防维生素 B_{12} 缺乏的能力。

（九）胆碱缺乏症

胆碱是动物体内构成脂肪和神经组织的成分，也是磷脂的重要成分。其主要功能是防止脂肪在肝脏中沉积，减少对蛋氨酸的需要量，促进雏鸡生长和成年鸡产蛋。胆碱缺乏症是由于胆碱的缺乏而引起脂肪代谢障碍，使大量的脂肪在鸡肝内沉积所致的脂肪肝或称脂肪综合征。

1. 临床症状　雏鸡临床表现生长停滞，腿关节肿大。成年鸡肝脏中脂肪酸增高，母鸡明显高于公鸡。母鸡产蛋量下降，蛋的孵化率降低。有的因肝破裂而发生急性内出血突然死亡。死鸡鸡冠、肉垂苍白。

2. 病理变化　雏鸡可见胫骨和跗骨变形，腓肠肌腱脱位。成年鸡可见脂肪肝，肝肿大，色泽变黄，质脆，表面有出血点，质地脆弱。肾脏及其他器官也有脂肪浸润和变性。死鸡肌肉苍白，肝包膜破裂，肝表面和腹腔有较大血凝块。

3. 防治技术

（1）针对调查的病因（如日粮中胆碱供给量不足；维生素 B_{12}、叶酸、维生素 C 和蛋氨酸缺乏；日粮中维生素 B_1 和胱氨酸增多；日粮中长期应用抗生素和磺胺类药物）采取相应的措施即可预防本病。

（2）治疗时，可在每千克日粮中加氯化胆碱 1 克、维生素 E 10 国际单位、肌醇 1 克，连续喂给；或每只鸡每天喂氯化胆碱 0.1～0.2 克，连用 10 天。但已发生跟腱滑脱时治疗效果差。

六、维生素 C 缺乏症

维生素 C 又名抗坏血酸，它参与体内一系列的代谢过程，如刺激肾上腺皮质激素的合成、参与细胞间质中胶原的生成和维持，降低毛细血管脆性，加速血液凝固，促进肠道内铁的吸收，解毒作用，在应激状态下降低血浆中的糖皮质激素水平，改善细胞免疫，减少免疫抑制作用，抗热应激。缺乏维生素 C 时动物周身出血、骨骼脆弱和创伤难愈。

1. 临床症状　鸡一般不缺维生素 C，但维生素 C 有抗应激和解毒功能，通常用于抗热应激和中毒性疾病。

2. 防治技术　每千克饲料添加 0.2 克维生素 C，可减轻应激因素对鸡的不利影响。在病鸡治疗时，维生素 C 可作为辅助用药，增强鸡的抗病能力，促进病的痊愈。

七、钙磷缺乏症

饲料中钙磷缺乏，以及钙磷比例失调是骨营养不良的主要原因。钙和磷都是构成骨骼的主要成分，尤其是钙大约 90%用于构成骨骼和蛋壳，其余的钙分布于细胞和体液中，对维持神经、肌肉和心脏的正常功能，维持体内酸碱平衡等具有重要的作用。

（一）临床症状

钙磷缺乏主要引起雏鸡的佝偻病，常发生于 6 周龄以下的雏鸡，由于缺乏的营养成分不同，表现不同。早期病鸡喜欢蹲伏，不愿走动，食欲降低，异嗜，生长发育停滞，腿部骨骼变软而富有弹性，跛行，行走不稳。幼鸡的喙和爪变得易弯曲，肋骨末端呈念珠状小结节，关节肿大。跗关节尤其明显，休息时常是蹲坐姿势，病情发展严重时，病鸡可以瘫痪。但磷缺乏时，一般不表现瘫痪症状。成年鸡发病主要是高产鸡的产蛋高峰期，初期产薄壳蛋、软皮蛋，产蛋量急剧下降，蛋的孵化率也显著降低。后期病鸡胸骨呈“S”状弯曲。

（二）病理变化

主要病变在骨骼、关节。全身各部骨骼都有不同程度的肿胀，长骨末端增大，骺的生长盘变宽和畸形（维生素 D_3 或钙缺乏）或变薄（磷缺乏），骨体容易折断，骨密度变薄，骨髓腔变大，肋骨变形，胸骨呈“S”状弯曲，骨质软。关节面软骨肿胀，有的有较大的软骨缺损或纤维样物附着。

（三）防治技术

（1）以预防为主。首先要保证日粮中钙磷的供给量，其次要调整好钙磷的比例。对舍饲笼养蛋鸡，使之得到足够的日光照射。

（2）如果日粮中缺钙，应补充贝壳粉、石粉，缺磷时应补充磷酸氢钙。钙磷比例不平衡时要调整。

（3）如果日粮中已出现维生素 D_3 缺乏而磷正常的现象，应给以 3 倍于平时剂量的维生素 D_3 2～3 周，然后再恢复到正常剂量。

第四节　常见中毒性疾病

凡是在一定条件下，一定数量的某种物质（固体、液体、气体）以一定的途径进入动物机体，通过物理学及化学作用，干扰和破坏机体正常生理功能，对动物机体呈现毒害影响而造成机体组织器官功能障碍、器官病变，乃至危害生命，这种物质统称为毒物。由毒物引起的相应病理过程，称为中毒。由毒物引起的疾病称为中毒病。

中毒性疾病常见病因：饲料品质不良，如霉败变质（含有黄曲霉毒素等）、使用过量的棉籽饼或菜籽饼、饲料加工或调制不当含有有害物质（如鱼粉中含有肌胃糜烂素，大豆中含有抗胰蛋白酶等）；饲料添加剂伪劣，或使用不合理（如食盐中毒）；药物添加剂的选择、剂量不科学致使中毒或残留量过大（如磺胺类药物中毒）；饲养管理不当和环境污染（如一氧化碳中毒、氨气中毒）。

针对中毒病因进行预防：防治饲料加工、储存过程中有毒物质的产生；安全使用药物；妥善保管和使用农药；注意地源性中毒病的预防；防治工业污染；注意防范有毒动物的侵袭。

一、无机氟化物中毒

因饲料原料（磷酸氢钙、石粉、骨粉、肉骨粉）、水源等含氟量超标而致，产蛋鸡饲料中含氟安全量为350毫克/千克。

（一）临床症状与病理变化

病雏鸡食欲减退，生长迟缓，粪便稀薄，关节肿大，跗关节着地，最后瘫痪死亡；产蛋鸡食欲减退，关节变形，破蛋、沙皮蛋、畸形蛋增多，饲料转化率降低。骨骼柔软，胸骨变形，骨髓颜色变淡，严重者呈土黄色，脑膜轻度充血。

（二）防治技术

立即停止饲喂高氟饲料，更换氟含量符合标准的饲料，同时每吨饲料中加入800克的硫酸铜，以减轻氟中毒的症状。为了提高血钙浓度和促进钙的吸收，可在饮水中加入0.5%~1%氯化钙，或在饲料中加入1%~2%乳酸钙和维生素D。

二、食盐中毒

饲料中的食盐含量过多（计算错误或配制不均），或是采食过多的含盐饲料，或限制饮水等都能引起食盐中毒。一般幼禽比成年禽更易发生中毒。鸡中毒量为每千克体重1.5克。雏鸡饲料中的含盐量达1%，饮水中含0.9%，成年鸡饲料的含盐量达3%时，可引起中毒和死亡。

（一）临床症状

病鸡食欲废绝，强烈口渴，口鼻流出大量的分泌物，嗉囊扩张，下痢、神经过敏，卧地挣扎站立不起来，抽搐性痉挛，最后呼吸衰竭而死亡。

（二）病理变化

剖检可见：食道、嗉囊黏膜充血，黏膜易剥脱。嗉囊中充满黏液性液体。腺胃和小肠有卡他性或出血性炎症，脑膜血管显著充血扩张，并有针尖大小出血点和脑炎变化。心包积水，肺水肿。

（三）防治技术

（1）立即停喂原有饲料，多喂嫩青菜叶。轻度、中度中毒的，供给充足、新鲜饮水或5%葡萄糖水和0.5%醋酸钾溶液，连饮3天，症状可逐渐好转。

（2）正确计算用盐量，均匀拌料；平时配料所用鱼干或鱼粉一定要测定其含盐量，含盐量高的要少加，含盐量低的可适当多加。发现鸡群异常喝水要对饲料抽样进行盐分测定。

（3）严重中毒的病鸡应间断地逐渐增加饮用水，可每隔一小时让其饮水20分钟左右。否则一次大量饮水可促进食盐扩散，反而使症状加剧或导致组织严重水肿，尤其脑水肿往往预后不良。

（4）及时隔离中毒鸡，并喂给红糖水，增加多种维生素用量。

三、黄曲霉毒素中毒

黄曲霉毒素中毒是鸡采食了被黄曲霉毒素污染的饲料而引起的一种中毒病。中毒后以肝脏受损、全身性出血、腹水、消化系统功能障碍和神经症状等为特征。黄曲霉毒素有 B_1、B_2、G_1、G_2 等数种，其中 B_1 毒性最强。黄曲霉毒素中毒是也是一种人畜共患病。

（一）临床症状

中毒多呈急性经过，且病死率很高，幼鸡多发于2~6周龄。病雏鸡食欲减退，贫血嗜睡，生长发育缓慢，腹泻，粪便多混有血液，共济失调，以呈现角弓反张症状而死亡。成年鸡多为慢性中毒症状，使母鸡易引起脂肪肝综合征，产蛋率和蛋孵化率降低。

（二）病理变化

剖检可见：病死鸡肝肿大，弥漫性出血和坏死，慢性型病例则以肝体积缩小、硬变，有的为肝细胞癌或胆管癌、心包积水和腹水症。

（三）防治技术

（1）为预防该病的发生，一要把好饲料关，收购玉米时注意质量，不饲喂发霉饲料，对饲料定期做黄曲霉毒素测定并淘汰超标饲料；二要搞好环境卫生关，清洁饮水、勤清扫、定期消毒，同时增加光照和通风；还可以在潮湿多雨季节投给治疗剂量一半的制霉菌素，混入饲料中喂给，在饮水中加入硫酸铜可净化水质，对预防霉菌感染有一定作用。

（2）治疗时，首先停喂发霉变质饲料，并用0.5%的过氧乙酸喷雾消毒垫料。晚上做好保温和通风工作，防止鸡群打堆。同时在饲料中加入制霉菌素400克/千克，水中加5%葡萄糖和0.4%维生素C饮用，早晚各1次，全群使用阿莫西林每天饮水，5天后死亡基本停止，采食及精神状况明显转好。

四、棉籽或棉籽饼（粕）中毒

棉籽或棉籽饼（粕）中毒是指蛋鸡长期或大量摄入含游离棉酚的棉籽或棉籽饼（粕）引起的一种中毒病，引起中毒的主要成分是棉酚和环丙烯类脂肪酸等。引起动物中毒死亡的形式有三种，急性致死的直接原因是血液循环衰竭，亚急性致死是因为继发性肺水肿，慢性中毒死亡多因恶病质和营养不良。

（一）临床症状

中毒病鸡采食量减少，体重下降，生长缓慢，嗜睡，排黑褐色稀粪，常混有黏液、血液和脱落的肠黏膜，衰弱甚至抽搐，呼吸和血液循环衰竭。伴有贫血、维生素A及钙缺乏的症状。成年鸡多为慢性中毒症状，母鸡易引起脂肪肝综合征，产蛋率和蛋孵化率降低，蛋清发红色，蛋黄颜色变淡呈茶青色。

（二）病理变化

剖检可见：胃肠炎，肝、肾肿大，肺水肿，胸腔和腹腔积液。慢性病例肝体积缩小、硬变，有的为肝细胞癌或肝管癌。母鸡的卵巢和输卵管出现高度萎缩。

（三）防治技术

目前尚无特效疗法。应停止饲喂含毒棉籽或棉籽饼（粕），及时更换饲料，加速毒物的排出；采取对症治疗方法；去除饼粕中毒物后合理利用。在饲料中棉籽饼（粕）的安全用量产蛋鸡可占5%~10%。此外，增加饲料的蛋白质、维生素、矿物质和青绿饲料，可增强机体对棉酚的耐受性和解毒能力。

1. 选育棉花新品种 通过选育棉花新品种，即培育无色素腺体棉籽，使棉籽中不含或含微量棉酚。

2. 棉籽饼的去毒处理 棉酚含量超过0.1%时，需经去毒处理后使用。

（1）可采用添加铁、钙、碱、芳香胺、尿素等化学药剂法，如硫酸亚铁中的二价铁离子能与棉酚螯合，形成难以消化吸收的棉酚—铁复合物。

（2）在棉籽饼（粕）中加入碱水溶液、石灰水等，并加热蒸炒，使饼（粕）中的游离棉酚破坏或形成结合物。棉籽饼粕经过蒸、煮、炒等加热处理，使棉酚与蛋白质结合而去毒。

（3）利用微生物及其酶的发酵作用破坏棉酚，达到去毒目的。

五、磺胺类药物中毒

磺胺嘧啶（SD）、磺胺二甲嘧碇（SM2）、磺胺间甲氧嘧啶

(SMM)、磺胺喹噁啉（SQ）和磺胺甲氧哒嗪（SMP）等磺胺类药物，治疗量与中毒量接近且在肠道内容易被吸收，用药量大或持续时间长及添加饲料内混合不均匀等因素都可能引起中毒。中毒剂量为肌肉、肾或肝中磺胺药物含量超过 20 毫克/千克。

（一）临床症状

病鸡具有全身出血性变化。病仔鸡表现抑郁，厌食、渴欲增加，腹泻，鸡冠苍白。有时头部肿大呈蓝紫色，这是由于局部出血造成的。有的发生痉挛、麻痹等症状。成年病母鸡产蛋量明显下降，蛋壳变薄且粗糙，棕色蛋壳褪色，或产软蛋。有的出现多发性神经炎。

（二）病理变化

剖检可见：肝、脾、肾皆肿大。凝血时间延长，血检颗粒性白细胞减少，溶血性贫血。

（二）防治技术

（1）若发生中毒，立即停用磺胺类药物，饮用 5%葡萄糖水或 1%~2%的碳酸氢钠溶液，并在每千克饲料中添加维生素 C 0.2 克、维生素 K_3 0.53 毫克或日粮中维生素含量提高一倍，连用数日至症状基本消失为止。严重的鸡可同时肌内注射维生素 B_{12} 1~2微克或叶酸 50~100 微克。

（2）预防措施有选择毒性小的磺胺药如复方新诺明、复方敌菌净等，控制好剂量、给药途径和疗程（连续用药不超过 5 天），混合均匀，用药期间供应足够饮水量。

六、高锰酸钾中毒

高锰酸钾溶液常被用作消毒饮水或微量元素补充剂，若浓度过高，不仅对消化道有刺激和腐蚀作用，还能被吸收进入血液，损害肾脏和脑，因钾离子对心脏抑制作用而导致死亡。

（一）临床症状

病鸡呼吸困难，口腔、舌呈红紫色，腹泻，甚至突然死亡。

（二）病理变化

剖检可见：嗉囊、胃肠等消化道有腐蚀和出血现象。口、舌和咽部黏膜变红紫色和水肿。

（三）防治技术

（1）高锰酸钾溶液宜现用现配，饮水消毒时浓度应控制在0.01%~0.05%。

（2）中毒鸡可用清水冲洗嗉囊，必要时灌服2%~3%牛奶或奶粉，或蛋清和油类以保护消化道黏膜。

第五节　常见寄生虫病

一、鸡球虫病

鸡球虫病是由艾美耳属的9种球虫寄生于鸡的肠道黏膜上皮细胞内引起的一种急性流行性原虫病。多危害15~50日龄的雏鸡，发病率高达50%，死亡率为20%~30%，严重者高达80%。病愈的雏鸡，生长发育受阻，长期不能康复。成年鸡多为带虫者，增重和产蛋受到一定的影响。有的感染鸡群表现为生产能力下降为主的亚临诊型球虫病，造成的隐性损失可能更大。

（一）临床症状

盲肠球虫主要发生于1月龄左右的散养鸡。患鸡精神不振，缩颈、闭眼、呆立，食欲降低、渴欲增加，嗉囊内充满液体，排出带有血液的稀粪或排出的全部是鲜血，可视黏膜、冠和肉髯苍白，死亡率可达70%；小肠球虫病（毒害艾美耳球虫病），多发于40日龄以上的鸡。病鸡临床上主要表现逐渐消瘦、鸡冠苍白，排水样稀便，粪呈乌黑颜色，腥臭；堆型艾美耳球虫病多发于日龄较大的鸡。病鸡增重慢，皮肤褪色，母鸡产蛋量下降；巨型艾美耳球虫病，也多见于日龄较大的鸡。严重感染的病鸡消瘦，黏膜苍白，羽毛粗乱无光泽，厌食。轻度感染者可见因胡萝卜素吸收不良引起的皮肤褪色。

（二）病理变化

盲肠球虫病，可见两侧盲肠肿胀，内含血液或血凝块，外观呈暗红色。肠壁的浆膜可见针尖大的灰白色斑点；黏膜小点状出血，肠壁肥厚，肠腔内大部分为血液和血凝块。鸡小肠球虫病剖检肠道的病变和程度与球虫的种别有关，毒害艾美耳球虫主要侵害小肠中段，该部肠道高度肿胀或气胀，肠壁增厚，上有许多白色斑点和出血斑，肠腔内充满橙黄色黏液和纤维素块。巨型艾美耳球虫也主要侵害小肠中段，严重感染时小肠中段肿胀，浆膜面可见到针尖大小的出血点。堆型艾美尔球虫主要侵害十二指肠，可见十二指肠轻度肿胀，黏膜上有分散的直径 1~2 毫米的白色病灶，横向排列呈阶梯状。肠道苍白，肠腔内含水样液体，严重感染可见肠黏膜增厚，红色出血。

（三）防治技术

1. 预防

（1）加强饲养管理，搞好清洁卫生。鸡舍保持适当的温度和光照，通风良好，饲养密度适当；推广网养；及时清理鸡舍和运动场的鸡粪，并做堆积发酵处理，杀灭卵囊，减少甚至消灭传染源；幼鸡与成年鸡分开饲养，以减少感染机会；增加或补充饲料中维生素 A 和维生素 K 的含量；死鸡和淘汰鸡应妥善处理。

（2）药物预防。为防止抗药虫株的产生，延长抗球虫药的使用寿命，应采用轮换用药（一种药物连续使用几个月后改用另一种药物）和穿梭用药（雏鸡料添加一种药物，继之在生长、肥育期内添加另一种化学特性不同的药物）方案，合理使用抗球虫药。

氨丙啉：按 0.012 5%混入饲料，鸡的整个生长期都用药。

地克珠利：按 0.000 1%混入饲料。

拉沙菌素：按 0.007 5%~0.012 5%混入饲料。

盐霉素：按 0.006%混入饲料。

（3）免疫预防。球虫疫苗可避免药物残留对环境和食品的污染，以及抗药虫株的产生。通过饲料或饮水免疫 1~10 日龄的雏鸡，现主要用于种鸡和后备母鸡。

2. 治疗

（1）急性盲肠球虫病的治疗。以 30% 的磺胺氯吡嗪钠为代表的磺胺类药物是治疗本病的首选药物。按鸡群全天采食量计算用药量，每 100 千克饲料用药 200 克，加入饮水中饮用，4~5 小时饮完，连用 3 天。

（2）急性小肠球虫病的治疗。以氨丙啉 20 克+乙氧酰胺苯甲酯 1 克+磺胺喹噁啉 12 克，另外治疗肠毒综合征的药物同时使用，效果更佳。

（3）慢性球虫病的治疗。以妥曲珠利、地克珠利为首选药物，配合治疗肠毒综合征的药物同时使用，效果更好。

（4）混合感染性球虫病的治疗。球痢清配合治疗肠毒综合征的药物饮水，连用 2 天，晚上用健肾、护肾药物饮水。

二、鸡绦虫病

鸡绦虫病是由多种绦虫引起的鸡的一种蠕虫病，我国最常见的病原体是戴文科中的赖利属和戴文属的各种绦虫。

（一）临床症状

绦虫寄生于小肠，用头节破坏鸡的肠壁，引起肠道发炎，肠黏膜出血，影响消化功能。当大量寄生时形成栓塞，堵塞肠道而引起死亡。病鸡临床表现为下痢，粪便带血样黏液。

病鸡可因受虫体代谢产物的影响而中毒，出现全身症状，表现为食欲减退，精神委顿，羽毛无光泽、蓬乱，贫血，极度虚弱，站立困难，瘫痪，最后因全身衰竭而死亡。雏鸡生长发育迟缓，成年母鸡产蛋量减少。

（二）病理变化

剖检见可：肠黏膜肥厚、出血、含有大量黏液，味恶臭，可视黏膜苍白、发黄。肠道内可发现绦虫。棘沟赖利绦虫是致病性最强的一种绦虫，其头节深深刺入肠黏膜内，在肠壁上生成灰黄色小结节。

（三）防治技术

（1）保持鸡舍干燥，及时清除粪便并无害化处理；雏鸡和成年鸡分开饲养，定期检查，定期驱虫；对新引入的鸡应先驱虫再合群；鸡舍内外定期杀灭蚂蚁和其他昆虫。

（2）治疗和预防性驱虫可选用以下药物：① 硫双二氯酚：每千克体重按 0.1~0.2 克，一次口服。② 丙硫咪唑：每千克体重 15~20 毫克，一次口服。③ 氯硝柳胺：每千克体重 50~60 毫克，一次口服。④ 吡喹酮：每千克体重 10~15 毫克，一次口服。

三、鸡蛔虫病

鸡蛔虫病是由鸡蛔虫寄生于鸡小肠中而引起，是一种常见消化道线虫病，成虫主要寄生于鸡的十二指肠以下的小肠段，影响鸡的生长发育，导致肠阻塞和死亡。鸡蛔虫偶见于食道、嗉囊、肌胃、输卵管和体腔中。

（一）临床症状

鸡蛔虫病的病变特征是病死鸡十分消瘦、贫血。病鸡精神萎靡、营养不良、鸡冠苍白、行动迟缓；消化功能障碍，食欲减退，下痢和便秘交替，有时稀粪中混有带血黏液，以后逐渐消瘦至死亡。雏鸡表现生长发育不良，逐渐衰竭死亡。成年鸡症状一般较轻，体重减轻，采食饮水正常；严重感染的表现为下痢、贫血、生产性能下降。

（二）病理变化

病鸡宰杀时血液十分稀薄，十二指肠、空肠、回肠甚至肌胃中均可见到大小不等的蛔虫，严重者可把肠道堵塞。肠黏膜肿胀增厚，有时可见出血、充血和溃疡。

（三）防治技术

（1）雏鸡与成年鸡分群饲养；粪便及时清除，并堆积发酵杀灭虫卵；料槽和饮水器每隔1~2周用沸水消毒；蛔虫病流行的鸡场，每年进行2~3次定期驱虫，对患鸡随时进行治疗性驱虫；加强饲养管理，喂全价饲料，增强鸡对蛔虫的抵抗力。

（2）治疗和预防性驱虫可选用下列药物：①左咪唑：每千克体重20毫克，一次口服，对成虫和幼虫的驱虫率均达100%。②丙硫咪唑：每千克体重25毫克，一次口服。③丙氧咪唑：每千克体重40毫克，一次口服。④甲苯咪唑：每千克体重30~100毫克，一次口服，对成虫和幼虫的驱虫均有效。

雏鸡2~3月龄时驱虫1次，冬季再驱虫1次；成年鸡秋末冬初驱虫1次；产蛋鸡产蛋前再驱虫1次。

四、组织滴虫病

鸡组织滴虫病又称盲肠肝炎或黑头病，是由组织滴虫属的火鸡组织滴虫寄生于鸡的盲肠和肝脏中而引起的疾病。本病是由于组织滴虫钻入盲肠壁繁殖后进入血流和寄生于肝脏所引起的。组织滴虫病的潜伏期为7~12天，最短为5天，最常发生在第11天。

（一）临床症状

病鸡表现出精神不振，食欲减少以至废绝，羽毛蓬松，翅膀下垂，闭眼，畏寒，下痢，排淡黄色或淡绿色粪便，严重者粪便中带血，甚至排出大量血液。病的末期，有的病鸡因血液循环障碍，鸡冠发绀，因而有“黑头病”之称。该病病程短、死亡快，一般发病后2~3天内死亡。蛋鸡感染后主要症状为下痢，产蛋量下降。病愈康复鸡的体内仍有组织滴虫，带虫可长达数周或数月。成年鸡很少出现症状。

（二）病理变化

病变主要局限于盲肠和肝脏，引起盲肠炎和肝炎。

剖检可见：一侧或两侧盲肠肿胀，内腔充满浆液性或出血性渗出物，渗出物常发生干酪化，形成干酪状的盲肠肠芯，间或盲肠穿孔，引起腹膜炎。肝脏肿大，表面出现淡黄色或淡绿色、圆形或不规则形、中央稍凹陷、边缘稍隆起的坏死病灶。病灶大小如黄豆大或小指头大，散在或密布整个肝脏表面。

（三）防治技术

（1）加强鸡舍清洁卫生，及时清理鸡粪进行发酵处理。

（2）由于鸡异刺线虫卵能携带组织滴虫，故定期给鸡群驱除异刺线虫，对预防本病有重要意义。

（3）二甲硝咪唑：治疗时按0.02%~0.04%浓度混饲；预防时按0.01%浓度饮水。

五、鸡虱病

寄生于禽类的虱称为羽虱，鸡羽虱属节肢动物门、昆虫纲、食毛目的一种体外寄生虫。在鸡体上常见的有鸡羽虱、鸡体虱、广幅长羽虱、鸡翅长羽虱、鸡圆羽虱和巨角羽虱。

（一）临床症状

患鸡奇痒、不安，影响休息，食欲不佳，消瘦、生产性能降低。因啄痒而伤及皮肉，羽毛脱落，掉毛处皮肤可见红疹、皮屑，撬起皮屑，可见大量羽虱爬动。

（二）防治技术

（1）为防止本病传播、流行，必须对鸡舍、鸡笼、饲槽、饮水器等用具彻底消毒。常用药物有蝇毒灵（0.06%）、甲萘威（5%）及其他除虫菊酯类药物。

（2）新引进的鸡经严格检查无虱后方可混群饲养。有虱病的鸡，应及时隔离，并对鸡舍、饲养用具等用杀虫药彻底喷洒。

（3）主要是药物防治，常用药物为：①伊维菌素：100~200微克/千克体重，皮下或肌内注射。②溴氢菊酯：按0.002 5%~0.01%的药液浓度喷雾或浸浴，具有100%杀虫疗效。③双甲脒：按0.05%药液浓度喷雾。

第六节　应激综合征

应激综合征是鸡遭受不良因素或应激原的刺激时所引起的一种非特异性反应。鸡的临床表现为生长发育缓慢，生产性能和产品质量降低，免疫力下降，甚至死亡。蛋鸡常见的应激反应有以下几种。

一、恶劣环境应激

（一）临床症状

在高温、寒冷的急剧侵袭和长时间作用下，可引起雏鸡的生长发育停滞，蛋鸡的产蛋量下降；寒冷可使幼雏打堆、弱小雏鸡易被压伤、压死；成鸡易诱发感冒及呼吸道疾病等；当鸡舍的温度持续在30℃以上时，还可造成公鸡精子生成减少，母鸡性成熟推迟，受精率下降，血钙降低、血液酸碱平衡紊乱，甚至造成很高的死亡率。

（二）防治措施

除应采取通风、防暑、降温、升温等措施外，还应采取以下措施：

（1）每千克饲料中添加1.5~2.0克维生素C，可提高饲料利用率，增强机体的新陈代谢功能。

（2）在饲养中添加0.1%延胡索酸或在饮水中添加0.6%氯比铵，能缓解热应激，增进食欲，提高增重效果。

（3）在饮水中添加0.1%~0.2%的碳酸氢钠，有利于健胃和调节血液的酸碱平衡。

二、饲养管理应激

（一）临床症状

营养应激直接影响雏鸡及育成鸡的生长发育、饲料利用率降低，严重的造成发育停滞甚至死亡；产蛋鸡产蛋量下降或停止产蛋。饲料、饮水质量的骤变和不足，轻者导致雏鸡生长、增重停滞，发育不良，若缺少时间稍长，还会造成生产力显著下降，甚至死亡；不同日龄的鸡混养，饲养密度过大，不仅引起鸡群的啄斗、啄肛，引起鸡只胸、腿、爪的外伤和发育不良，还可诱发葡萄球菌病；舍内通风不良、空气混浊、空气中氨浓度过高，损害鸡的心血管系统，引起呼吸道病的感染和腹水症的发生，造成蛋鸡的产蛋量下降；噪声可导致雏鸡生长发育不良，食欲降低，致母鸡产蛋量下降，产畸形蛋或发生掉蛋现象，受精率降低，而且正在孵化的卵可发生死胚及弱雏量增加。

（二）防治措施

加强饲养管理，供给蛋鸡不同生长阶段的优质全价配合饲料，满足其生长和生产的需要。排除可能发生的应激因素。

三、疾病应激

（一）临床症状

许多传染病、寄生虫病如新城疫、鸡马立克病、鸡传染性法氏囊病、禽霍乱、球虫病、组织滴虫病等，必须通过接种疫苗或药物防治方可解决问题。而免疫反应对于鸡来说也是一种强烈的应激；药物防治可使鸡免受一部分病原体的侵害，但用药本身对鸡体就造成不同程度的应激。如用药途径不合理，用药量不合理；用错药、滥用药，可导致机体中毒甚至死亡。

（二）防治措施

（1）制定适合本场实际的常见多发病的免疫程序，使蛋鸡群获得特异性的免疫能力，免受病原体的侵害；注意免疫的途径，能用饮水法免疫的不用注射法和气雾法；同时要注意疫苗免疫之间的干扰作用，防止免疫麻痹效应发生。严格执行免疫程序，防止疾病发生。

（2）容易引起中毒的药物（如磺胺类、痢特灵、喹乙醇、某些抗生素等），一定要掌握用药量和给药途径，同时还应掌握某些药物的拮抗作用和协同作用，最大限度地防止药害发生。

第七章　生态养殖蛋鸡环境污染控制

为了有效地防止鸡蛋污染，减少食源性疾病的发生，维护公共卫生安全，应严格执行国家有关法规，建立健全鸡蛋质量安全管理控制体系，从源头抓起，重点搞好蛋鸡疫病的预防，规范使用兽药，实施鸡蛋可追溯管理。

第一节　生物性污染控制措施

一、防止一次性污染

防止一次性污染的主要措施：

(1) 保持蛋鸡饲养环境卫生，建立无病蛋鸡群体。

(2) 加强蛋鸡饲养管理，提高蛋鸡抗病能力。

(3) 加强蛋鸡疫病预防、控制和蛋鸡及鸡蛋检验检疫工作，建立无特定疫病区。

(4) 实施蛋鸡、鸡蛋可追溯管理。

职业兽医要做好蛋鸡疫病尤其是人畜共患病的诊治工作，对蛋鸡尸体及废弃物必须进行生物安全处理，防止污染环境。

二、防止二次污染

防止二次污染是指在鸡蛋加工、包装、储藏、运输及销售等环节中要严防生物性因素的污染，尤其是微生物的污染。保持加工厂、车间、用具和设备、包装材料、运输车船及储藏间的卫生。从业人员要保持良好的卫生习惯，不得患有《公共场所卫生管理条例实施细则》规定的病毒性肝炎、痢疾、伤寒、活动期肺结核及皮肤病等疾病。建立健全各级动物卫生监督检验机构，加强鸡蛋检验。

第二节　化学性污染控制措施

一、农药残留控制措施

防止农药污染的主要措施：

（1）合理使用农药。

（2）执业兽医应按国家有关规定使用蛋鸡体表杀虫药。

（3）蛋鸡饲料农药残留量应符合《饲料卫生标准》的规定。

（4）加强农药监督管理。

（5）建立健全农药残留限量标准。

（6）开展农药残留检测。

二、兽药残留控制措施

动物用药以后，药物以原形或代谢产物的形式随粪等排出体外，残留于环境中。同时，少部分残留于机体内，对人类健康构成威胁。绝大多数兽药排入环境后，仍然具有活性，会对土壤微生物、水生生物及昆虫等造成影响。控制药物残留的主要措施如下：

1. 加强兽药监督管理　兽药监督管理部门按照《中华人民共和国兽药管理条例》及有关法规要求，加强兽药生产、经营、使用和进出口管理。

2. 规范使用兽药

（1）兽药使用单位应当遵守国务院兽医行政管理部门制定的兽药安全使用规章制度，并建立用药记录（包括所用药物名称、剂型、剂量、给药途径、疗程，药物的生产企业，产品的批准文号、批号等）。

（2）执业兽医使用兽药时应遵守《中华人民共和国兽药管理条例》的有关规定，兽医处方药必须开具兽医处方，严格按国务院兽医行政部门规定的作用、用途和用法、用量用药。

（3）所有兽药必须来自具有《兽药生产许可证》，并获得农业部颁发《中华人民共和国兽药 GMP 证书》的兽药生产企业，或农业部批准注册进口的兽药。

（4）所用兽药必须符合《中华人民共和国兽药典》《兽药质量标准》《兽用生物制品质量标准》《进口兽药质量标准》等相关规定，并遵循相关管理部门颁发的《无公害食品 畜禽饲养兽药使用准则》《绿色食品兽药使用准则》等兽药使用准则。

（5）避免标签外用药。药物的标签外应用，是指在标签说明以外的任何应用，包括种属、适应证、给药途径、剂量和疗程。一般情况下蛋鸡禁止标签外用药，因为任何标签外用药均可能改变药物在体内的动力学过程，使蛋鸡出现药物残留。在某些特殊情况下需要标签外用药时，必须采取适当的措施避免鸡蛋的兽药残留，兽医师应熟悉药物在蛋鸡体内的组织分布和消除的资料，采取超长的休药期，以保证消费者的安全。

（6）科学用药。适时应用无休药期的药物；改变终身用药的方法为阶段适时用药；选用与人类用药无交叉抗药性的禽类专用药物；不随意加大药物用量。

3. 合理使用饲料药物添加剂　饲料药物添加剂的使用应注意以下几点：

（1）按照《饲料药物添加剂使用规范》使用药物添加剂。

（2）禁止将原料药直接添加到饲料及饮用水中或者直接饲喂蛋鸡。

（3）在饲料加工中，应将加药饲料和不加药饲料分开加工。

（4）禁止同一种饲料中使用两种以上作用相同的药物添加剂。

（5）要按蛋鸡生长阶段的不同，正确使用饲料添加剂。

（6）养殖用户应正确使用饲料，不得超标添加药物添加剂。

4. 严格遵守休药期 休药期（withdraealperiod）又称为停药期，是指蛋鸡从停止用药到许可屠宰或鸡蛋许可上市的间隔时间。蛋鸡休药期长短是根据药物进入蛋鸡体内吸收、分布、转化、排泄与消除过程的快慢而制定的，即使同一种药物，因用法不同休药期也不尽相同。此外，休药期的长短还与药物的剂量、剂型等有关。兽药使用要严格执行农业部发布的《兽药停药期规定》：

（1）有休药期规定的兽药用于蛋鸡时，饲养者应当向购买者提供准确、真实的用药记录。

（2）购买者应当确保蛋鸡、鸡蛋在用药期、休药期内不被用于食品消费。

（3）生产者必须严格遵守休药期和用药后禁止上市期限的规定，以保证鸡蛋中药物残留不超过限量，禁止销售含有违禁药物或者兽药残留量超过标准的鸡蛋。

（4）禁止食用在弃蛋期内生产的鸡蛋。

5. 严禁非法使用违禁药物

（1）严禁使用国务院兽药行政管理部门规定的禁用药品。

（2）禁止使用假冒伪劣兽药和过期药品，以及未经农业部批准或已淘汰的药品。

（3）禁止添加激素类药品。

（4）禁止将人用药品用于蛋鸡。

6. 研制和推广使用抗生素替代品 如益生素（微生态制剂）、低聚糖、酶制剂、酸化剂、中草药添加剂，减少抗生素和合成药的使用。

7. 开展兽药残留监控

（1）建立并完善兽药和饲料添加剂残留的监控体系建设，加强对兽药和饲料添加剂在鸡蛋中残留的监测管理工作。

（2）对兽药生产、分销、零售及使用进行监控。

（3）对蛋鸡及鸡蛋兽药残留实施监控。

（4）完善具体残留数据标准和违规的相应处罚手段的制定工作，加大对有关禁用药物的生产、销售行为的打击力度，依法追究法律责任，真正有效地控制兽药残留。

三、可追溯管理

可追溯体系（traceability system）是指在鸡蛋供应的整个过程中对鸡蛋的各种相关信息进行记录存储的质量保障体系，又称为可追溯系统、可追溯管理。

（一）全程质量监督

（1）建立全程质量控制网络，专人从事全过程的质量管理工作。

（2）建立生产、销售各环节操作规程和全程质量监控记录，各环节间建立质量资料的流转制度。

（3）生态蛋鸡饲养场向销售点提供鸡蛋来源及质量监控、检测的数据资料。

（4）加工及销售企业向饲养场反馈有关质量检测情况，及时发现和解决有关质量问题。

（二）鸡蛋的标识

1. 品牌可追溯 品牌可追溯是指为加强消费者对鸡蛋品牌的认可度，在每个鸡蛋上都印有品牌、生产日期及绿色标志。消费者可根据生产日期判断该鸡蛋的新鲜度，一旦出现安全问题，可根据蛋壳上的品牌来追溯企业的责任。

2. IC 卡号可追溯 IC 卡号可追溯是指经政府相关部门审定，部分企业拥有特许生产经营“无公害农产品”的 IC 卡号，允许在每个鸡蛋上都印有 IC 卡号、生产日期及绿色标志。该形式的可追溯适合于中小型蛋品生产企业。

3. ID 号可追溯 ID 号可追溯是指购买先进的编码和喷码设备，试图给每个鸡蛋都标有防伪标识码（12 位英文和数字字符），一方面可以防伪，另一方面可以追溯到每个鸡蛋的生产信息和安全记录。该项追溯技术前期设备投资大，当然鸡蛋产品价格也会相应提高。目前主要应用在几个大型蛋鸡养殖企业。消费者利用 ID 号可以通过网络、电话或短信的方式来查询鸡蛋信息。

4. 批次可追溯 批次可追溯是指传统养殖企业对产蛋鸡的批次进行记录，并在鸡蛋、蛋托或蛋箱上标明生产批次，对整个批次的鸡蛋进行管理的一种追溯方式。考虑到一个批次的鸡群大多采食相同饲料，进行相同管理，因此可应用批次进行追溯，当前蛋鸡养殖企业大多采用这种管理方式和追溯模式。

附　录

附录 1　禁止在饲料和动物饮用水中使用的药物品种目录

一、肾上腺素受体激动剂

1. 盐酸克仑特罗（Clenbuterol Hydrochloride）：《中华人民共和国药典》（以下简称《药典》）2000 年二部 P605。β2 肾上腺素受体激动药。

2. 沙丁胺醇（Salbutamol）：《药典》2000 年二部 P316。β2 肾上腺素受体激动药。

3. 硫酸沙丁胺醇（Salbutamol Sulfate）：《药典》2000 年二部 P870。β2 肾上腺素受体激动药。

4. 莱克多巴胺（Ractopamine）：一种 β 兴奋剂，美国食品和药物管理局（FDA）已批准，中国未批准。

5. 盐酸多巴胺（Dopamine Hydrochloride）：《药典》2000 年二部 P591。多巴胺受体激动药。

6. 西巴特罗（Cimaterol）：美国氰胺公司开发的产品，一种 β 兴奋剂，FDA 未批准。

7. 硫酸特布他林（Terbutaline Sulfate）：《药典》2000 年二部 P890。β2 肾上腺素受体激动药。

二、性激素

8. 己烯雌酚（Diethylstibestrol）：《药典》2000 年二部 P42。雌激素类药。

9. 雌二醇（Estradiol）：药典 2000 年二部 P1005。雌激素类药。

10. 戊酸雌二醇（Estradiol Valcrate）：《药典》2000 年二部 P124。雌激素类药。

11. 苯甲酸雌二醇（Estradiol Benzoate）：《药典》2000 年二部 P369。雌激素类药。《中华人民共和国兽药典》（以下简称《兽药典》）2000 年一部 P109。雌激素类药。用于发情不明显动物的催情及胎衣滞留、死胎的排除。

12. 氯烯雌醚（Chlorotrianisene）：《药典》2000 年二部 P919。

13. 炔诺醇（Ethinylestradiol）：《药典》2000 年二部 P422。

14. 炔诺醚（Quinestml）：《药典》2000 年二部 P424。

15. 醋酸氯地孕酮（Chlormadinone acetate）：《药典》2000 年二部 P1037。

16. 左炔诺孕酮（Levonorgestrel）：《药典》2000 年二部 P107。

17. 炔诺酮（Norethisterone）：《药典》2000 年二部 P420。

18. 绒毛膜促性腺激素（绒促性素）（Chorionic Conadotrophin）：《药典》2000 年二部 P534。促性腺激素药。《兽药典》2000 年一部 P146。激素类药。用于性功能障碍、习惯性流产及卵巢囊肿等。

19. 促卵泡生长激素（尿促性素主要含卵泡刺激 FSHT 和黄体生成素 LH）（Menotropins）：《药典》2000 年二部 P321。促性腺激素类药。

三、蛋白同化激素

20. 碘化酪蛋白（Iodinated Casein）：蛋白同化激素类，为甲状腺素的前驱物质，具有类似甲状腺素的生理作用。

21. 苯丙酸诺龙及苯丙酸诺龙注射液（Nandrolone phenylpropionate）：《药典》2000 年二部 P365。

四、精神药品

22. （盐酸）氯丙嗪（Chlorpromazine Hydrochloride）：《药典》2000 年二部 P676。抗精神病药。《兽药典》2000 年一部 P177。镇静药。用于强化麻醉及使动物安静等。

23. 盐酸异丙嗪（Promethazine Hydrochloride）：《药典》2000 年二部 P602。抗组胺药。《兽药典》2000 年一部 P164。抗组胺药。用于变态反应性疾病，如荨麻疹、血清病等。

24. 安定（地西泮）（Diazepam）：《药典》2000 年二部 P214。抗焦虑药、抗惊厥药。《兽药典》2000 年一部 P61。镇静药、抗惊厥药。

25. 苯巴比妥（Phenobarbital）：《药典》2000 年二部 P362。镇静催眠药、抗惊厥药。《兽药典》2000 年一部 P103。巴比妥类药。缓解脑炎、破伤风、士的宁中毒所致的惊厥。

26. 苯巴比妥钠（Phenobarbital Sodium）：《兽药典》2000 年一部 P105。巴比妥类药。缓解脑炎、破伤风、士的宁中毒所致的惊厥。

27. 巴比妥（Barbital）：《兽药典》2000 年二部 P27。中枢抑制和增强解热镇痛。

28. 异戊巴比妥（Amobarbital）：《药典》2000 年二部 P252。催眠药、抗惊厥药。

29. 异戊巴比妥钠（Amobarbital Sodium）：《兽药典》2000

年一部 P82。巴比妥类药。用于小动物的镇静、抗惊厥和麻醉。

30. 利血平（Reserpine）：《药典》2000 年二部 P304。抗高血压药。

31. 艾司唑仑（Estazolam）。

32. 甲丙氨酯（Mcprobamate）。

33. 咪达唑仑（Midazolam）。

34. 硝西泮（Nitrazepam）。

35. 奥沙西泮（Oxazcpam）。

36. 匹莫林（Pemoline）。

37. 三唑仑（Triazolam）。

38. 唑吡旦（Zolpidem）。

39. 其他国家管制的精神药品。

五、各种抗生素滤渣

40. 抗生素滤渣：该类物质是抗生素类产品生产过程中产生的工业三废，因含有微量抗生素成分，在饲料和饲养过程中使用后对动物有一定的促生长作用。但对养殖业的危害很大，一是容易引起耐药性，二是由于未做安全性试验，存在各种安全隐患。

附录 2　食品动物禁用的兽药及其他化合物清单

1. β-兴奋剂类：包括沙丁胺醇、克伦特罗、马希特罗及其盐、酯类制剂。

2. 性激素类：包括己烯雌酚及其盐、酯类制剂。

3. 类雌激素物质：包括醋酸甲羟孕酮、玉米赤霉醇、去甲雄三烯醇酮及其制剂。

4. 氯霉素及其盐、酯类制剂，包括琥珀酰氯霉素。

5. 氨苯砜及其制剂。

6. 硝基呋喃类：包括呋喃唑酮、呋喃它酮、呋喃苯烯酸钠。

7. 硝基化合物：硝基酚钠、硝基烯腙及其制剂。

8. 镇静类：安眠酮及其制剂。

9. 林丹（丙体六六六）。

10. 毒杀芬（氯化烯）。

11. 呋喃丹（克百威）。

12. 杀虫脒（克死螨）。

13. 双甲脒。

14. 酒石酸锑钾。

15. 锥虫胂胺。

16. 孔雀石绿。

17. 五氯酚酰钠。

18. 汞制剂：包括硝酸亚汞、氯化亚汞（甘汞）、醋酸汞、吡啶基醋酸汞。

19. 性激素类：甲睾酮、丙酸睾酮、苯丙酸诺龙、苯甲酸雌二醇及其盐。

20. 镇静类：包括氯丙嗪、安定及其盐、酯类制剂。

21. 硝基咪唑：甲硝唑、地美硝唑及其盐、酯类制剂。

其中，1~8 类在所有用途上禁止使用，在所有食用动物上禁止使用。9~18 类作为杀虫剂禁止使用，在所有食用动物上禁止使用，10 类作为清塘剂禁止使用，16 类作为抗菌用途也禁止使用，17 类作为杀螺剂禁止使用。19~21 类在促生长用途上禁止使用，在所有食用动物上禁止使用。

附录3　生产A级绿色食品禁止使用的兽药

序号	种　类		兽药名称	禁止用途
1	β兴奋剂类		克仑特罗、沙丁胺醇、莱克多巴胺、西马特罗及其盐、酯及其制剂	所有用途
2	激素类	性激素类	己烯雌酚、己烷雌酚及其盐、酯及其制剂	所有用途
			甲睾酮、丙酸睾酮、苯丙酸诺龙、苯甲酸雌二醇及其盐、酯及其制剂	促生长
		具有雌激素样作用的物质	玉米赤霉醇、去甲雄三烯醇酮、醋酸甲羟孕酮及其制剂	所有用途
3	催眠、镇静类		安眠酮及其制剂	所有用途
			氯丙嗪、地西泮及其盐、酯及其制剂	促生长
4	抗生素类	氨苯砜	氨苯砜及其制剂	所有用途
		氯霉素类	氯霉素及其盐、酯（包括琥珀氯霉素）及其制剂	所有用途
		硝基呋喃类	呋喃唑酮、呋喃西林、呋喃妥因、呋喃它酮、呋喃苯烯酸钠及其制剂	所有用途
		硝基化合物	硝基酚钠、硝呋烯腙及其制剂	所有用途
		磺胺类及其增效剂	磺胺噻唑、磺胺嘧啶、磺胺二甲嘧啶、磺胺甲噁唑、磺胺对甲氧嘧啶、磺胺间甲氧嘧啶、磺胺地索辛、磺胺喹噁啉、三甲氧苄啶及其盐及其制剂	所有用途
		喹诺酮类	诺氟沙星、环丙沙星、氧氟沙星、培氟沙星、洛美沙星及其盐及其制剂	所有用途
		喹恶啉类	卡巴氧、喹乙醇及其制剂	所有用途
		抗生素滤渣	抗生素滤渣	所有用途

续表

序号	种类		兽药名称	禁止用途
5	抗寄生虫类	苯并咪唑类	噻苯达唑、丙硫苯咪唑、甲苯达唑、硫苯咪唑、磺苯咪唑、丁苯咪唑、丙噻苯达唑及其制剂	所有用途
		抗球虫类	二氯二甲吡啶酚、氨丙啉、氯苯胍及其盐及其制剂	所有用途
		硝基咪唑类	甲硝唑、地美硝唑及其盐、酯及其制剂等	促生长
		氨基甲酸酯类	甲奈威、呋喃丹（克百威）及其制剂	杀虫剂
		有机氯杀虫剂	六六六、滴滴涕、林丹（丙体六六六）、毒杀芬（氯化烯）及其制剂	杀虫剂
		有机磷杀虫剂	敌百虫、敌敌畏、皮蝇磷、氧硫磷、二嗪农、倍硫磷、毒死蜱、蝇毒磷、马拉硫磷及其制剂	杀虫剂
		其他杀虫剂	杀虫脒（克死螨）、双甲脒、酒石酸锑钾、锥虫胂胺、孔雀石绿、五氯酚酸钠、氯化亚汞（甘汞）、硝酸亚汞、醋酸汞、吡啶基醋酸汞	杀虫剂

参考文献

[1] 刘月琴，张英杰．家禽饲料手册［M］．北京：中国农业大学出版社，2008.
[2] 刘国芬．蛋鸡饲养技术［M］．北京：金盾出版社，2002.
[3] 赵永国．蛋鸡标准化饲养新技术［M］．北京：中国农业出版社，2005.
[4] 黄炎坤．新编科学养鸡手册［M］．郑州：中原农民出版社，2002.
[5] 孟冬霞．无公害鸡蛋安全生产技术［M］．北京：化学工业出版社，2014.
[6] 王建国．生态养蛋鸡［M］．北京：中国农业出版社，2011.
[7] 无公害食品 畜禽饮用水水质（NY 5027—2008）.
[8] 无公害食品 畜禽饲养兽药使用准则（NY 5030—2006）.
[9] 无公害食品 畜禽饲料和饲料添加剂使用准则（NY 5032—2006）.
[10] 无公害食品 家禽养殖生产管理规范（NY/T 5038—2006）.
[11] 无公害食品 畜禽饲养兽医防疫准则（NY/T 5039—2006）.